科普图书馆

"科学就在你身边"系列

# 在无形中寻找力量

## ——电与磁的世界

总 主 编　杨广军

副总主编　朱焯炜　章振华　张兴娟

　　　　　胡　俊　黄晓春　徐永存

本 册 主 编　冯尚欣　曹大苏

上海科学普及出版社

**图书在版编目（CIP）数据**

在无形中寻找力量：电与磁的世界 / 杨广军主编.
-- 上海：上海科学普及出版社，2014
（科学就在你身边）
ISBN 978-7-5427-5804-0

Ⅰ.①在⋯  Ⅱ.①杨⋯  Ⅲ.①电磁学–普及读物
Ⅳ.①O441-49

中国版本图书馆 CIP 数据核字(2013)第 108848 号


组　　稿　胡名正　徐丽萍
**责任编辑**　刘湘雯
统　　筹　刘湘雯


"科学就在你身边"系列
**在无形中寻找力量**
——电与磁的世界
总主编　杨广军
副总主编　朱焯炜　章振华　张兴娟
胡　俊　黄晓春　徐永存
本册主编　冯尚欣　曹大苏
上海科学普及出版社出版发行
（上海中山北路 832 号　邮政编码 200070）
http://www.pspsh.com

各地新华书店经销　北京昌平新兴胶印厂
开本 787×1092　1/16　印张 15　字数 230 000
2014 年 1 月第 1 版　2014 年 1 月第 1 次印刷

ISBN 978-7-5427-5804-0　　定价：29.80 元

# 卷 首 语

　　早在远古的黄帝时代，人们就注意到了磁的现象——磁石吸铁、磁勺司南以及摩擦生电等，而关于电与磁的系统研究则是始于16世纪。电磁学是物理学的一个分支，广义的电磁学可以说是包含电学和磁学，狭义的电磁学则是一门探讨电性与磁性交互关系的学科。电磁科学在我们生活中的应用非常广泛，引导我们迈入了高科技的新时代。与此同时，电磁辐射也不同程度地危害到了我们的生活质量和身心健康。

　　如何更好地利用电磁科学？如何更科学地防止与防护电磁危害？让我们一起，带着求知的渴望，沿着寻觅的台阶拾级而上，一起探索这神秘的无形世界，一起寻找电与磁的神奇力量吧……

# 目 录

## 神秘的电磁世界——事实还是传说

## 电磁辐射的危害——到底离我们有多远

## 电磁能治病——生活中无奇不有

## 自然界的奇异现象——电磁学的奇闻趣事

电与磁的世界

## 新一代电磁的科技——现代的电磁应用

电与磁的世界

# 神秘的电磁世界

## ——事实还是传说

　　电磁场是一个看不见摸不到的世界，充满了神秘的色彩；我们生活中处处存在着电与磁，从儿时看到闪电的未知与恐惧，到现在生活中的手机、电视、电脑，无一不靠着电磁波来传播信号。正是电磁波，拉近了我们生活的距离，让我们进入了一个地球村的时代。正是电磁波，丰富了我们的生活，上一秒，远在伊拉克的残酷战争；上一秒，远在欧洲振奋的选举运动；上一秒，远在南美迷人的热带植物，这一秒，通过了电磁波，进入了我们的视线。

　　电磁学，有着神秘的面纱。在这一篇，让我们一起来揭开它真实的面貌，让我们一起了解，电是什么？它怎么产生，怎么传导的？磁又是什么，在生活中又起怎样的作用？

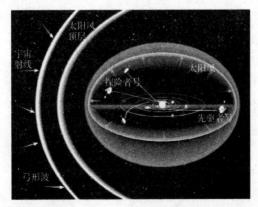

◆宇宙射线

# 出生爱好和性别
## ——电的档案

当你夜晚走在大街上，看着街头巨大的广告牌、一闪一闪的霓虹灯，你会好奇，电是什么，它从哪里来？当你看着电视，玩着电脑，享受着电玩、电影的时候，你可能会想，这些电能来自哪里，怎么传送的？当你冬天夜晚脱毛衣时，看到摩擦起电的亮光，当你雷雨天看到闪电时，你会思考，它们是不是一样？

◆香港夜景

电与磁的世界

从这一节，我们就要了解电的基本知识，什么是电？有几种电荷，在哪里传输等等。了解了这些，你会对生活中的基本常识有更进一步的理解。

## 电的"出生"？

还是从摩擦起电说起。在干燥的冬天，我们在穿或脱毛衣时，会看到有细细的小火光，打到手上，手会有轻微刺痛的感觉，这叫做摩擦起电。那么，什么是电呢？大多数的物质都是由分子或原子构成的。而原子是由居于原子中心的原子核和核外高速运动的电子组成的，原子核里面又有质子和中子。电子带负电荷，质子带正电荷。通常一个原子的质子数与电子数数量相同，正负平衡，所以对外表现出不带电的现象。当两种物体摩擦的时候，原子很容易把外层的电子给丢失了。这样，不管是丢失了电子的原子，还是得到多余的电子的原子都带了电，这样电性就显示出来了。

## 小知识

### 原子的结构

在原子的中间是原子核，包括质子和中子以及外层象行星一样在运动的电子。

## 万花筒

### 电的档案

| 中文姓名：电 | 英文姓名：electricity |
| --- | --- |
| 性别：有正电荷和负电荷两种 | |
| 体重：电子电量为 $e=1.6×10^{-19}$ 库仑 | |
| 爱好：吸引轻小的物体<br>　　　同种电荷相排斥，异种电荷相吸引 | |
| 产生的原因：物体失去电子或得到电子 | |

## 广角镜——"电"名字的由来

首先，还是说咱中国人的，在中国电的名字是来自雷电。在《谷梁传·隐公九年》中，有句话说："三月癸酉，大雨震电。震，雷也；电，霆也。"意思是，癸酉年三月份的一天，下了大雨，雷声震震。震，也就是雷的别名，电，是霆的别名。在古代呢，电和霆本来是同义词，到了现代，才慢慢变得不一样了。

在中国的古代，人们已经观察到摩擦起电了。西汉末年时，古书中有"瑇瑁吸偌"的记载，意思是玳瑁，一种海龟的壳，可以吸引细小物体之意；晋朝有文"今人梳头，解著衣时，有随梳解结有光者，亦有咤声"，是说：今天梳头，脱衣

◆玳瑁

◆琥珀

◆摩擦起电的梳子吸引轻小物体

服的时候，可以听到噼里啪啦的响声。这天气一定非常干燥了，这位古人的头发和衣服都摩擦起电了。

　　在2500年前的希腊，工匠们发现琥珀制品会有一种吸引毛发、纸屑等轻小物质的性质，这种有趣的现象，工匠们还没有办法解释。当时，希腊的自然哲学家泰勒斯把这种力称为"琥珀力"。到了1600年，英国皇家医科大学的校长吉尔伯特，发现相当多的物体经摩擦后也都具有吸引轻小物体的性质，他注意到这些物体经摩擦后并不具备磁石那种指南北的性质。为了表明与磁性的不同，他采用琥珀的希腊字母拼音把这种性质称为"琥珀的"。

电与磁的世界

　　小知识

　　"电"在英文当中写作"electricity"，这个词就是来自拉丁文 ēlectricus，是"类似琥珀"的意思。

## 电的"性别"？

　　我们已经知道，当原子失去电子或得到电子的时候，都会带电，那是为什么呢？原因是，就像人类有男性和女性一样，电也是有"性别"的。

电有两种电性，一种是正电荷，另外一种是负电荷。当一个原子失去电子以后，整个原子就因为质子的数量大于电子的数量，这样质子带的正电荷多，原子就表现出带正电的性质；当一个原子得到电子以后，由于整个原子中，电子的数量大于质子的数量，因为电子数量多，带的负电荷也多，所以原子表现出带负电的性质。

如果我们把玻璃棒和丝绸摩擦，在这个过程中，一部分电子从玻璃棒跑到了丝绸上面去，我们把摩擦过的玻璃棒所带的电荷叫做正电荷。同样，我们可以把橡胶棒和毛皮摩擦，橡胶棒就会从毛皮上得到一些电子，橡胶棒所带的电荷叫做负电荷。

### 小知识——正电荷和负电荷

同种电荷相互排斥，异种电荷相互吸引。像磁铁一样，把带同样电荷的物体放在一起，就会相互排斥；带不同电荷的两个物体，放在一起，就会相互吸引。

### 动动手——电的性质实验

请大家把两支塑料圆珠笔在头发上多擦几下，然后其中一支用绳子吊起来，再用另一支圆珠笔接近它，发现那支被吊起来的圆珠笔自己转动起来，远离开了。为什么呢？

这是因为摩擦起电后，两支圆珠笔上都带有同种电荷，我们已经知道同种电荷相互排斥，所以圆珠笔就会自己转开了。

## 电的"爱好"？

大家都已经知道带电体有吸引轻小物质的性质，并且同种电荷相互排斥，异种电荷相互吸引。也就是两个电荷之间会有力的作用，在不同的距离，力的大小也不相同。科学家就用一些带箭头的线条来表示这个力的方向，用这些线条的疏密程度来表现力的大小。线密一些，这个力就会比较

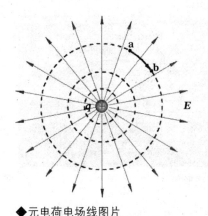

◆元电荷电场线图片

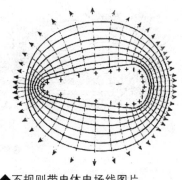

◆不规则带电体电场线图片

大，我们就可以说这个电场在这个位置强度比较大，即用电场强度来描述。符号是 $E$。

假如一个电荷放在中间，静止不动，它给周围不同位置的元电荷的力的大小和方向都是固定的，我们用一个静电场来描述它。如果是一个带电体，很多的电荷相互影响，它们形成的电场则与一个元电荷形成的电场是不相同的。

真空中的点电荷场强公式是 $E＝KQ/r^2$，意思是说，如果那个点上的电荷量越大，它给周围某一个位置的电场强度越大，一个元电荷放到那个位置，受到的力也就越大。大家注意公式里面还有除以 $r^2$，意思是说，距离越大，公式的分母也就越大，场强 $E$ 的大小就越小。自然而然，元电荷放到与这个电荷的位置越远，受到的力的大小也就越小。

**名人介绍——卡比奥对电磁学的贡献**

意大利的卡比奥（Nicolo Cabeo 1586～1650 年）在 1829 年出版了《磁的哲学》，这是一本广泛研究磁和电的书。在当时，还没有电磁学这一说，所以他是大家公认的哲学家。在此之前，人们还只是知道，带电的物体吸引任何小物体，从不排斥。而卡比奥做了一个实验，发现了电的排斥现象。他先用摩擦过而得到的带电体吸引木屑等小物体，发现当木屑接触到带电体以后，会迅速飞离，而不

电
与
磁
的
世
界

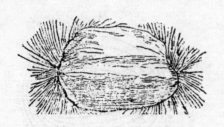

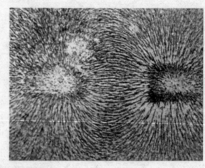

◆铁屑形成的磁感线形状

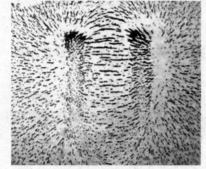

只是往下落，可以飞得很远。卡比奥的这一发现，让电学开始萌芽成长。

卡比奥的另外一个成就就是发现了磁感线，他拿了很多小铁屑，把它们同时放在了磁石的周围，在磁石的作用下，它们按照一定方向排列，形成一些曲线。用这些曲线可以描述磁场的强弱。

◆铁屑形成的磁感线形状

拓展思考

请同学们仔细阅读本节，或者上网查找资料，思考以下的问题：

1. 在生活中，哪些情况下会产生摩擦起电呢？除了摩擦起电，还有什么地方会有电？

2. 在什么情况下，一个物体会显示出电的性质呢？

3. 如果一个物体不显示电的性质，那么正电荷和负电荷还存在吗？

# 自古已有指南针——
# 磁的档案

在上一节，我们已经了解了什么是电，不过，电与磁从来都是息息相关的，知道了电的小档案，让我们一起来了解磁。磁在生活中也是非常常见的，大家都拆过耳机吧，里面就有一个小磁铁。小到耳机，大到磁共振，粒子加速器，或者新闻上说的电磁导弹，里面都有磁的存在。从古代

◆司南，又名指南针

到现代，由指南针到GPS定位，从最简单的地磁场到现在复杂的电磁学理论，无一不显示了电磁的重要性。怎么样，感兴趣了吧？

让我们从这一节开始，先了解磁最基本的常识吧。

## 什么是磁？

我们先给"磁"组个词吧，你一定会想到"磁铁"或者"磁性"。提到磁铁，就会想起我国古代的四大发明之一指南针了。指南针是中国最早发明的，并且在世界的航海中有着非常重要的作用。

什么是磁性呢？很多同学都玩过磁铁，知道磁铁可以吸引小铁钉，并且通过这个事实，说明磁铁是具有磁性的。实际上，这个说法是不完全准确的。首先，磁铁不仅仅可以吸引铁制成的物品，并且还可以吸引钴、镍等金属，只是因为钴、镍在生活中不太常

◆马蹄形磁铁

电与磁的世界

见，我们才没有注意到。而且，不能因为说其他的物体不能吸小铁钉，就认为其他物体不具有磁性。事实是，一切物体都是具有磁性的，区别只是磁性的强弱。按照定义，磁性是物质在不均匀的磁场中会受到磁力的作用。用磁铁吸引小铁钉，距离必须靠得很近，才能看到小铁钉突然被吸过去。也就是说，小铁钉受到的磁力作用的大小还和与磁铁的距离或位置有关，不是仅仅因为磁性的大小而决定磁力的大小。

### 小 知 识

一切物体都具有磁性。一个物体，能不能吸引小铁钉只是因为磁性的大小是有区别的。

### 小知识——中国古代历史上的磁石记载

◆指南针

中国古代最早对磁铁的记载是在公元前600多年，我国春秋时代的管仲曾经在《管子》内写到了"上有慈石者，其下有铜金"，慈石就是磁石的意思。在古代的时候，因为人们发现磁石可以吸铁，就把它比作父母对于儿女的源源不断的慈爱。当时，齐国的冶铁业发展很快，对于采铁矿来说，磁石也是非常重要的。

到了后来，"慈石"的写法慢慢变成了"磁石"，东汉高诱曰："石，铁之母也。以有慈石，故能引其子；石之不慈也，亦不能引也。"意思是说，磁铁，是铁的母亲，磁铁可以吸引铁，是因为像母亲对孩子有爱一样；如果不能吸引铁，就说明这不是磁铁了。

## 万花筒——磁的"性别"

电有两种电荷，分为正电荷和负电荷。磁铁也是一样，它有两极，一极是南极，另一极是北极。磁体上磁性最强的部分叫磁极。一个磁体无论如何小都有两个磁极，可以在水平面内自由转动的磁体，静止时总是一个磁极指向南方，另一个磁极指向北方，指向南的叫做南极S极，指向北的叫做北极N极。

# 什么是磁场？

那么什么是磁场呢？磁学中磁场的定义是：运动的电荷在其中会受到力作用的物理场。磁体周围存在磁场，磁体间的相互作用就是以磁场作为媒介的。电流、运动电荷、磁体或变化电场周围空间存在的一种特殊形态的物质。由于磁体的磁性来源于电流，电流是电荷的运动，因而概括地说，磁场是由运动电荷或电场的变化而产生的。表示磁场大小的物理量有两个，一个是磁场强度，符号是 $H$；另一个是磁感应强度，符号是 $B$。

## 讲解——什么是磁感线？

物质在磁场中会受到磁力的作用，在磁场中画一些曲线，来表示力的大小和方向，用虚线表示使曲线上任何一点的切线方向都跟这一点的磁场方向相同且磁感线互不交叉，这些曲线叫磁感线。规定小磁针的北极所指的方向为磁感线的方向。磁铁周围的磁感线都是从N极出来进入S极，在磁体内部磁感线从S极到N极。

假设把小磁针放在磁铁的磁场

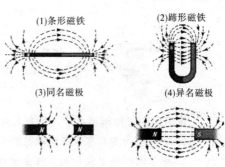

(1)条形磁铁　　(2)蹄形磁铁

(3)同名磁极　　(4)异名磁极

◆几种磁铁的磁感线方向

电与磁的世界

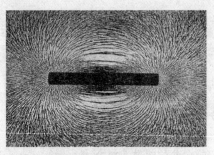

◆铁屑在条形磁铁的磁场中形成的图案，演示磁感线的走势与方向

中，小磁针受磁场的作用，静止时它的两极指向确定的方向。在磁场中的不同点，小磁针静止时指的方向不一定相同。这个事实说明，磁场是有方向性的，我们约定，在磁场中的任意一点，小磁针N极的受力方向，为那一点的磁场方向。我们可以用指南针来判断我们所在磁场的磁感线方向。

电
与
磁
的
世
界

### 动动手——测定磁感线的方向

◆磁屑演示磁感线方向

首先，准备一块磁性较强的磁铁、一块玻璃、一张纸和一些小铁屑。

然后，把玻璃放在磁铁上，覆盖上那张白纸。

之后，把铁屑均匀地撒到白纸上，轻轻地抖动玻璃。

看，神奇的事情发生了，铁屑慢慢地结成一条条的线，把它画下来吧！

拓展思考

请同学们仔细阅读本节，或者上网查找资料，思考以下的问题：
1. 有哪些物质具有较强的磁性？
2. 地球的磁场方向和南北极重合吗？

# 等闲识得东风面——
## 地磁场

还在宋代的时候，我国的科学家沈括就在他的书中写道，"方家以磁石磨针锋，则能指南，然常微偏东，不全南也。"这是历史上最早提出地磁偏角的记录了。古代的人，很早就发现了地球是有磁场的，那么地球磁场产生的原因是什么呢？它又都有哪些的性质呢？地球磁场对我们人类有什么用？

让我们一起来阅读这一节的内容吧。

◆我们美丽的家园——地球

### 地磁场的发现

在中国古代人们很早就发现了磁石，并且利用它做了指南针。这对航海起了重要的作用。但是明白为什么指南针可以指示南方北方，却经历了很漫长的历史。北极星也是可以指示方向的，永远挂在遥远的北方天空上，人们就猜测，是不是因为遥远的北极星，才让指南针一直指示方向啊。就像西天取经一样，有的人认为开始追随着北极星。发现越往北走，指南针的方向越朝下，根本不是指向北极星，而是指向地面。人们认为，让指南针可以指示方向的原因必然是地球本身。后来发现地球本身就是一个巨大的磁场。地球像一块巨大的磁

◆户外运动少不了指南针

电与磁的世界

◆指南针

铁，周围被它的磁场包围着。

这怎么理解呢？大家应该知道，有质量特性的物体不管在地球上的哪里，都会受到地球引力的作用，在离地心不同远近的地方，引力的大小有所不同。这样我们可以把地球的引力叫做重力，地球周围的空间区域存在着一个"重力场"。类似的，离一个磁铁不同的地方，运动的电荷会受到不同大小的力，这种磁体或载流导体周围存在的力场就是磁场。

地球磁场大小约为 $5 \times 10^{-5}$ T。我们发现指南针不管在地球的什么地方，受到的力都让指南针的 S 极指向南方，这说明地球是一个巨大的磁场。实际上地球的磁极和地理的南北极不是绝对的重合的，2010 年地球的磁极其地理坐标分别是：北纬 85.0°，西经 114.4° 和南纬 64.4°，东经 137.3°。

## 广角镜——地磁场起源的成因假说

地球磁场的成因至今还没有定论，毕竟没有人真的钻到地心当中看一看地下到底是怎么回事，不过，比较著名的有三种假说：铁磁体假说、热电假说和双圆盘发电机假说。

铁磁体假说认为地球地心的地核基本上是由铁磁体所组成的，也就是说，地球就是一个大铁块，像吸铁石一样。由于地核的这种特有成分及其球状对称的形态，支持了铁磁体假说的观点。不过，按照这一假说，面临着一个无法解释的困难，即地核内的平均温度大约在 6000℃ 以上，远远超过了任何一种铁磁性物体的居里点，大概意思就是说，磁铁要是被加热到 6000℃，那么磁铁就没有磁性了。这样一来，所有的铁磁性体都将在这一温度下转变成顺磁性体，从而丧失其磁性。因此，由于地核的金属成分而自然形成地磁场的可能性

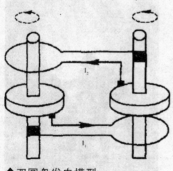

◆双圆盘发电模型

电与磁的世界

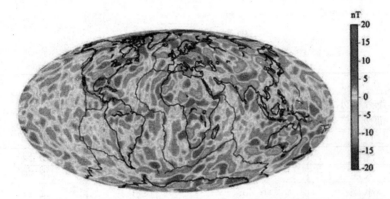

◆数据模拟出的各个大洲磁场强度图（美国航天局数字飞行中心制图）

很小。

热电假说，这一假说首先考虑到地磁要素具有快速变化的特点，比如地磁场的西向漂移，但是，地球外面是一个硬硬的壳，在上百年内几乎没有变化，所以肯定了地磁场与地壳和地幔无关。从这一点出发，热电假说提出地磁场具有电性。就在地核中形成电流，就像通电螺线管一样，电流产生磁性，形成今天的地磁场，这样热电假说却面临了一个问题，就是这样无法形成偶极特征的地磁场。

为了解决无法形成偶极特征的问题，科学家提出了双圆盘发电模型，也就是说，之前说的一种方向的电流，变为两种，在地球内部流动。这样，这种

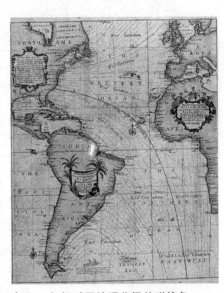

◆1700 年相对于地理北极的磁编角

对流可以引起液态地核表层旋转出现某种减慢，引起外核表层减慢的层位中产生的磁场异常向西位移。这为地磁场的西向漂移提供了动力学解释。

电与磁的世界

# 地球的磁偏角

| 全国各大城市的磁偏角 （1997 年数值） | | | |
|---|---|---|---|
| 齐齐哈尔 | 9°48′ | 合肥 | 4°25′ |
| 哈尔滨 | 9°51′ | 杭州 | 4°35′ |
| 长春 | 9°14′ | 洛阳 | 3°49′ |
| 沈阳 | 8°05′ | 台北 | 3°14′ |
| 大连 | 6°58′ | 西安 | 2°30′ |
| 承德 | 6°25′ | 长沙 | 2°41′ |
| 天津 | 5°40′ | 兰州 | 1°33′ |
| 昆明 | 0°57′ | 拉萨 | 0°12′ |
| 济南 | 4°51′ | 厦门 | 2°38′ |
| 青岛 | 5°31′ | 西宁 | 1°00′ |
| 大同 | 4°43′ | 重庆 | 1°45′ |
| 太原 | 4°12′ | 桂林 | 1°50′ |
| 包头 | 4°00′ | 成都 | 1°09′ |
| 北京 | 6°05′ | 贵阳 | 1°30′ |
| 上海 | 4°43′ | 广州 | 1°49′ |
| 海口 | 1°28′ | | |

电与磁的世界

◆磁偏角观测仪

地球的经纬度与地球地理上的经纬度不一致，科学家们把地磁经度与地理经度之间的交角叫做磁偏角。各个地方的磁偏角不同，而且，由于磁极也处在运动之中，某一地点磁偏角会随之而改变。一般户外登山运动的运动员到一个地方，首先要进行指南针的磁偏角矫正。

地球内部电子的分布位置并不是固定不变的，并会因许多的因素影响而发生变化，再加上太阳和月亮的引力作用，地核的自转与地壳和地幔并不同步，这会产生一个强大的交变电磁场，地球磁场的南北磁极因而发生一种低速运动，会造成磁偏角的不断改变，甚至地球的南北磁极翻转。

在最近几百万年的时间里，地球的磁极已经发生过多次颠倒：从 69 万年前到目前为止，地球的方向一直保持着相同的方向，为正向期；从 235 万年前至 69 万年前，地球磁场的方向与现在相反，为反向期；从 332 万年前到 235 万年前，地球磁场为正向期；从 450 万年前至 332 万年前，地球磁场为反向期。

◆磁极颠倒

## 广角镜——地球对人类的保护

地磁场的强度并不大，在地面附近的磁感强度大约只有 $5 \times 10^{-5}$ T，而一般的永久磁体附近的磁感强度可达 $0.4 \sim 0.7$ T。地磁场对于地球上的各种生命来

◆地球的磁场保护人们不受太阳高能粒子流的伤害（左边巨大的球体为太阳，右边中间的小球体是地球）

电与磁的世界

◆宇宙中有各种各样的射线

电
与
磁
的
世
界

说，却显得非常重要。这个"超大"的地磁场，对地球形成了一个"保护盾"，减少了来自太空的宇宙射线的侵袭。地球上生物才得以生存滋长。如果没有了这个保护盾，外来的宇宙射线，会将最初出现在地球上的生命全部杀死，根本无法在地球上滋生，也就没有今天生机勃勃的生命世界了。

在射向地球的各种宇宙射线中，有许多是带电的粒子。当这些带电粒子进入地磁场后，由于洛仑兹力的作用，带电粒子沿地磁场的磁感线作螺旋线运动，最终会落到地球两极上空的大气层中，使大气层中的分子电离发光。由于在可见光波段受激的氧原子能发出绿光和红光；电离了的氮分子发射紫色光、蓝色光以及深红色光。因此，通常肉眼看到的极光是绿色、蓝色并带有粉红色或红色的边缘。远赴两极工作的考察队员，一方面有幸能观看到美丽的极光，但是，身体也会受到宇宙射线的伤害。

拓展思考

请同学们仔细阅读本节，或者上网查找资料，思考以下的问题：
1. 查一查你所在地的磁偏角。
2. 地磁场对人类起哪些保护作用？

# 物理中的双胞胎——
## 电也能产生磁

　　同学们已经对于把"电"和"磁"两字放在一起的"电磁"一词非常的熟悉了。不过，在 17 世纪以前，人们认为电是电、磁是磁，两者之间没有任何的关系。即使到了 18 世纪，科学家们发现了电的库仑定律，以及磁的库仑定律，两者在数学上的形式一模一样。人们依旧认为它们之间只是偶然的相似，没有联系。甚至连伟大的科学家库仑也曾断言，电与磁是两种完全不同的实体，它们不可能相互作用或转化。

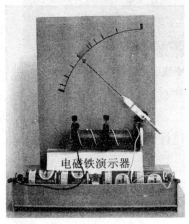

◆用电来产生磁

　　但是，一些哲学家却认为世界的万物都是相生相克的，具有一定的联系，电和磁在理论公式上如此相似，它们一定有相关之处，同学们想知道后来科学是怎么发展的吗？那就在此节，我们一起来阅读吧。

电与磁的世界

## 电也能产生磁？

　　人们坚信着电和磁没有任何的关系，但是在 1731 年，发生了一件奇怪的事，记载在英国的《哲学会报》上。当年 7 月，有一天外面下着大雨，雷声闪电一个接一个，有间房子的一角被雷给打坏了，在这个角落里的碗柜都被击毁了。第二天，主人收拾东西的时候发现，刀叉都被闪电的高温给熔化了，但是这些熔化变形的刀叉却可以吸引铁钉。这件事虽然比较小，却引起了科学家们的兴趣？闪电怎么让刀叉磁化呢？是不是电也能产

◆穆欣布洛克（Musschenbroek，Peter van 1692~1761 年）

生磁呢？

又过了 20 年，富兰克林做了一个实验，就是用莱顿瓶模拟闪电后也可以让周围的小钢针磁化。给大家介绍一下莱顿瓶，不得不提到一个人，穆欣布洛克（Musschenbroek，Peter van 1692－1761），他出生于一个科学仪器制造之家，他在莱顿大学读完博士学位以后，就一直在大学当教授，教数学和哲学。当时人们发现摩擦起电后的带电体会慢慢失去电的性质，他就想找出保存电的方法。有一次，他为了让玻璃杯中的水带电，在一次实验中受到了强烈的电击，他的家人和朋友都认为这件事太可怕了，阻止他继续进行实验。

## 点击——莱顿瓶 VS 闪电

◆莱顿瓶

莱顿瓶是一个玻璃容器，在内外都有一层金属箔，内层的金属箔 B 与瓶口的金属球相连，外层的金属箔 A 和大地相连。不断摩擦产生的电通过金属球连接，就传到金属箔 B 上。大家可能已经知道大地是导体了，并且由于异种电荷相互吸引。假如一些正电荷传递到金属箔 B 上时，大地里面的负电荷，就被吸引到金属箔 A 上。其实，这就是一个最原始的电容器。科学家穆欣布洛克当时把一只手放在金属球上，另一只手放在瓶子外的金属箔 A 上，自然而然就会有电流通过人体，因为人体也是导体，这时，科学家就受到了强烈的电击。

积雨云的底层通常带负电，这样吸引了大地中大量的正电荷，正负电荷相吸，它们越来越近。当有高耸的建筑物，或者高大的树木时，正电荷在高高的树木上向负电荷招手。终于，当它们突破空气的阻力连接上时，巨大的电流就产生了，并形成明亮夺目的闪光，闪电的温度可以达到10000～20000℃，非常高。

所以，同学们注意，莱顿瓶和闪电都是正负电荷相遇，形成了电流。只是强弱不同罢了。

穆欣布洛克给好朋友雷奥米尔写了一封信，讲述了整个实验的过程。雷奥米尔把信给电学家诺勒看了，诺勒很感兴趣。1746年4月，他在邀请了路易十五的皇室成员临场观看莱顿瓶的表演，他让修道士与130个卫兵手拉手。然后，诺勒让排头的修道士用手握住莱顿瓶，让排尾的卫兵

◆诺勒（Jean－Antoine Nollet，1700～1770年）

握瓶的引线，一瞬间，130个卫兵因受电击几乎同时跳起来，在场的人无不为之口瞪目呆，诺勒以令人信服的证据向人们展示了电的巨大威力。

## 轶闻趣事——著名的费城实验

富兰克林也对莱顿瓶很感兴趣，有一天，富兰克林把几只莱顿瓶联起来作实验，当实验正在进行时候，他的夫人丽达进来观看，一不小心碰倒了莱顿瓶，突然闪过一团电火，随着一声轰响，丽达被电击倒在地，不省人事，经抢救脱险，在家休息了很久。富兰克林从莱顿瓶上的电火花，联想到了暴风雨中的雷电。所以他觉得很有必要将雷电捉下来研究。于是在1752

◆闪电是云端的负电荷与大地的正电荷在高压下形成强大的电流

年7月一个雷雨天做了著名的费城实验，企图把天电捉下来看看。富兰克林用绸子做了一个大风筝，风筝顶上安上一把尖细的铁丝，用来捉电，并用麻绳与这铁丝联起来，麻绳的末端挂了一根铜钥匙，钥匙塞在莱顿瓶中间。他和他的儿子一

电与磁的世界

起将风筝放到天空中，这时一阵雷电打下来，富兰克林顿时感到一阵电麻，于是他赶紧用丝绸手帕把手里的麻绳包起来，继续捉天电。当他用另一只手去靠近系在麻绳上的铜钥匙，蓝白色的火花向他手上击来，这时麻绳上松散的毛毛都向四周竖立起来，天电终于捉下来了。富兰克林的实验有很大的危险性，他之所以未出人身事故，完全是一种侥幸，同学们千万不可效仿。

## 电流磁效应

电与磁的世界

◆汉斯·克里斯蒂安·奥斯特（Hans Christian Oersted，1777～1851年）

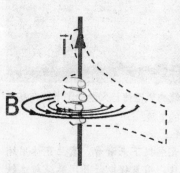

◆通电直导线中的安培定则

包括安培等人在内的科学家一直认为电和磁没有任何关系。可是奥斯特一直相信电、磁、光、热等现象相互存在内在的联系，尤其是富兰克林曾经发现莱顿瓶放电能使钢针磁化，更坚定了他的观点。很多人都已经做过实验，寻求电和磁的联系，结果都失败了。奥斯特分析这些实验后认为：在电流方向上去找效应，看来是不可能的，那么磁效应的作用会不会是横向的？

在1820年4月，有一次晚上讲座，奥斯特做演示实验时，当伽伐尼电池与铂丝相连时，小磁针摆动了这一不显眼的现象没有引起听众的注意，而奥斯特非常兴奋，他接连3个月深入地研究。

奥斯特将和电源连接的导线沿南北方向平行地放在小磁针的上方，当导线另一端连到负极时，磁针立即指向东西方向。把玻璃板、木片、石块等非磁性物体插在导线和磁针之间，甚至把小磁针浸在盛水的铜盒子里，磁针照样偏转。在1820年7月21日，他宣布了实验情况。

最终在1820年发布了题为《关于磁针上的电流碰撞的实验》的论文，详细地讲述了他的实验装置和结果。从此，电和磁的研究形成了一个新的学科：电磁学。

**小 贴 士**

**电流磁感应的定义**

任何通有电流的导线，都可以在其周围产生磁场的现象，称为电流的磁效应。

**小知识——电流的磁场方向怎么判断？**

奥斯特发现了电流的磁效应使法国物理界受到极大的震动，安培重复了奥斯特的实验，并于 1820 年 9 月 18 月向法国科学院报告了第一篇论文，提出了磁针转动方向和电流方向的关系服从右手定则，以后这个定则被命名为安培定则。

通电螺线管中的安培定则：用右手握住通电螺线管，使四指弯曲与电流方向一致，那么大拇指所指的那一端是通电螺线管的 N 极。左手反之。

通电直导线中的安培定则：右手的大拇指朝着电线的电流方向指去，再将四根手指握紧电线，则四根手指弯曲的方向为磁场的方向。

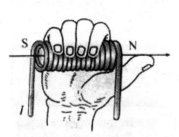

◆通电螺线管中的安培定则

◆安德烈·玛丽·安培
（André — Marie Ampère，
1775～1836 年）

电与磁的世界

## 名人介绍——富兰克林

◆本杰明·富兰克林（Benjamin Franklin，1706 ～ 1790 年）

电
与
磁
的
世
界

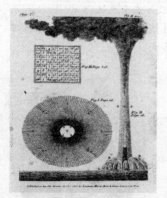

◆富兰克林发表关于龙卷风的论文内的插图

本杰明·富兰克林，出生于美国马萨诸塞州波士顿，是美国著名政治家、科学家，同时亦是出版商、印刷商、记者、作家、慈善家；更是杰出的外交家及发明家。

他是美国革命时重要的领导人之一，参与了多项重要文件的草拟，并曾出任美国驻法国大使，成功取得法国支持美国独立。

本杰明·富兰克林是共济会的成员，被选为英国皇家学会院士。他亦是美国首位邮政局长。本杰明·富兰克林出席了修改美国宪法的会议，成为唯一同时签署美国三项最重要法案文件的建国先贤。这三份文件分别是：《独立宣言》、《1783年巴黎条约》以及1787年的《美国宪法》。

本杰明·富兰克林曾经进行多项关于电的实验，并且发明了避雷针，创造的许多专用名词如正电、负电、导电体、电池、充电、放电等成为世界通用的词汇。他借用了数学上正负的概念，第一个科学地用正电，负电概念表示电荷性质。并提出了电荷不能创生、也不能消灭的思想，后人在此基础上发现了电荷守恒定律。他还发明了双焦点眼镜、蛙鞋等等。

富兰克林在1790年4月17日逝世，与其妻合葬在费城 Christ Church 的墓地。

◆一百美元富兰克林头像

由于1928年以后每张百元美钞上都印有本杰明·富兰克林的肖像，再加上美元作为世界主要流通货币的重要性，所以世界各地的人们非常熟悉本杰明·富兰克林的长相。

## 动动手——电流磁效应

1. 按照图片，把电路连接好，小指南针摆好，注意一定要和导线平行哦。

2. 轻轻地把导线接着电源负极，那一瞬间，看神奇的现象发生了，指南针动了起来。

3. 让导线离开电源负极，又有什么现象发生呢？

4. 你知道了环形电流的磁场方向了吗？

◆电流磁效应

拓展思考

请同学们仔细阅读本节，或者上网查找资料，思考以下的问题：

1. 讲述一下什么是安培定则？怎么判断通电导线的磁场方向呢？

2. 查一下富兰克林的资料，他还有什么其他事迹没有？

电与磁的世界

# 懒人时代到来了——电动机

◆电动车

早晨，我们手一伸开灯，黎明前的黑暗立刻被驱走了，你能想象还要去找火柴、蜡烛，摸着黑，把它们点亮吗？天气热了，我们不必再扇扇子弄得胳膊很酸，因为我们有了电扇。出门了，我们可以发现满大街的电动车，可以让我们的生活更加便捷。工厂里，织布机已经不是原始的手工织布了，工人们三班倒，机器日日夜夜不停地转着，这些都是电动机的功劳。那么，同学们一定想知道，电动机到底是怎么工作的呢，原理是什么呢？

## 电动机的发明

电动机，俗称马达，是一种将电能转化成机械能，用来驱动其他装置的电气设备。自从奥斯特发现了电流磁效应以后，很多人都开始致力于电动机的发明。

美国科学家亨利在 1826 年被任命奥尔巴尼学院的数学与哲学教授，他由于对地磁的好奇开始研究磁性物质。他在铁芯外缠绕导线，制作出了当时磁性最强的电磁铁，一个体积不大的电磁铁，能吸引一吨重的铁块。1831 年，亨利制作出了第一台使用电磁的机器，成为了现代直流电动机的先祖。这是他在电学领域中最

◆亨利（Joseph Henry, 1797～1878 年）

电与磁的世界

重要的贡献。因为电动机能带动机器，在起动、停止、安装、拆卸等方面，都比蒸汽机来得方便。

# 电动机的原理

### 通电导体在磁场中的受力

通电的导体可以产生磁场，把这个通电导体放入磁场中，我们知道磁铁同极排斥，异极相吸，这个通电导体就会受到力的作用。

如果导线的方向垂直于磁场方向，则受到的力的大小 $F = IBL$，$I$ 指的是电流大小，$B$ 指的是磁场强度，$l$ 指的是这根受力的导体的长度。

力的方向遵循左手定则，即伸开左手掌，使大姆指与其余四指相垂直，让磁感应线方向从手心穿入，并使四指指向导体中通电电流的方向，那么大姆指的指向就是磁场对电流作用力的方向。

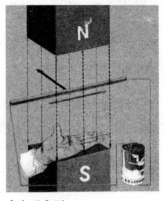

◆左手定则

### 直流电动机的原理

当我们在磁场中放置一个能自由旋转的线圈，并且如图所示通过电流时，电流从电源正极开始流动，到达电刷 A，连接到转子 E，按照线圈 abcd 的顺序流回电源。根据左手定则，我们就会发现线圈 ab 部分会在磁场中受到向上的力的作用，线圈的 cd 部分会在磁场中受到向下的力的作用，则线圈会绕中心轴顺时针转动。

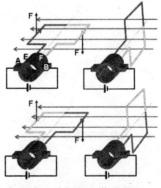

◆直流电动机的工作原理图

电与磁的世界

◆洗衣机滚筒式电动机

当线圈 ab 部分转到右侧时，我们发现，这时图中电刷与电源的导线相连的 E、F 没有转动，电流方向发生改变，电流变成按照线圈 cdba 方向流回到电源负极。

这样，由于线圈中电流方向不断变化，线圈一直在磁场中受到使其顺时针方向旋转的力，不断转动，如果我们让线圈带动机械转子转动，就可以源源不断地把电能转化成机械能。

交流电动机

交流电动机和直流电动机的工作原理很相似，由于交流电动机中的电流方向一直在改变，电磁场的方向随着交流电方向一同改变。我们根据左手定则，线圈所受磁力方向不变，线圈就能和直流电动机一样继续转下去。交流发动机就是利用这个原理而工作的。

# 电动机的种类

◆吊扇交流电动机

1. 按工作电源分类：根据电动机工作电源的不同，可分为直流电动机和交流电动机。其中交流电动机还分为单相电动机和三相电动机。

2. 按结构及工作原理分类：电动机按结构及工作原理可分为直流电动机，异步电动机和同步电动机。

# 电动机的应用

电冰箱电动机里面使用了压缩电动机、风扇电动机、化霜定时器电动机；空调电动机里面有压缩电动机、风扇电动机、洗衣机的电动机包括两种，滚轮式洗衣机电动机和滚筒式洗衣机电动机，这些都是交流电动机。复读机、小玩具、电动剃须刀、电动车等使用的都是直流电动机。

## 名人介绍——淡泊名利的亨利

约瑟夫·亨利（Joseph Henry, 1797～1878 年）是一位美国的科学家，并且是史密斯协会的第一任秘书长，同时为国家促进科学协会的创始成员。他的一生，被人们评价非常高，他不仅发明了电磁铁，并且发现了电磁的自感现象。

他比法拉第早一年发现了电磁感应，但是没有发表他的发现，所以法拉第是电磁感应公认的发现者。由于他的成就，他的名字亨利作为了电感的单位。

同时，他还是电报的发明者，不过不重名利的亨利没有申请专利权，所以人们公认的电报发明者为莫尔斯。莫尔斯发明的由点、划组成的"莫尔斯电码"，是莫尔斯对电报的独特贡献。

此外，亨利还发明了继电器、无感绕组等，他还改进了一种原始的变压器。在航空方面，1860 年，萨迪厄斯和他从费城乘坐热气球飞往纽约。他对于室内声学的贡献也很大，也就是我们现在所研究的声音发射、混响等领域。

亨利的贡献很多，只是当时没有立即发表，因此他失去了许多发明的专利权和发现的优先权。历史上有很多这种科学家，他们对于科学总是痴迷地去研究，对于科学以外的事，却很少关心。实际上，没有公开发表研究成果，会使科学的进步变得延后。

◆亨利

◆亨利（Joseph Henry）的墓碑

电与磁的世界

拓展思考

请同学们仔细阅读本节，或者上网查找资料，思考以下的问题：

1. 请同学们讲述一下什么是左手定则？怎么判断通电导线在磁场中的受力方向呢？

2. 请同学们说说家里还有什么电器使用了电动机呢？

电与磁的世界

# 鸡生蛋或蛋生鸡
## ——磁也能产生电

我们已经习惯有电的生活，早晨起来，关闭手机的闹钟，开始使用豆浆机、电饭煲。看看电视，或者玩起电脑，顺便把一旁的风扇或者空调开启。用了热水器，拧开水龙头就有热水；有了微波炉，想吃什么都可以随时加热；别忘了冰箱，夏天的冷饮真能给人带来惬意的享受。可是某一天，在炎热的夏天，全城停电，这一切突然消失了，漆黑的夜晚，汗流浃背，点着蜡烛，想着还有很多作业没有写的时候，你可能就开始思考，有电的日子是多么美好啊！电厂里的电是怎么产生出来的呢？

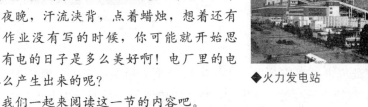

◆火力发电站

我们一起来阅读这一节的内容吧。

## 电磁感应现象

1820年，法拉第仔细分析了奥斯特发表的关于电流磁效应的资料，他认为电能够产生磁，反过来，磁也应该能够产生电，电流应当使靠近它的线圈产生出感应电流。1822年，法拉第在日记中记载着"把磁转变成为电"，他本着这种信念开始工作，坚定不移，但是如何从实验中发现这种感应，确实非常不容易，他对于这个实验进行研究长达10年之久。

在1825年，电磁铁被发明出来了。法拉第看到这个消息，就开始使用这种高磁性的磁铁。为了制作这种磁铁，他把铜线绕在一个铁环上。1831年8月29日，法拉第把两个线圈绕在同一个铁环上，终于发现了电磁

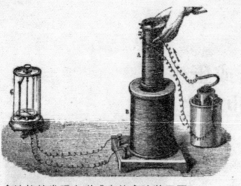

◆法拉第发现电磁感应的实验装置图

其中的线圈原物现存于伦敦皇家研究所。右边液体电池提供了一个电流，流过通电螺线管 A，创造一个磁场。当线圈 A 是固定的，没有电流引起。但是，当小插入或拔线圈 A 出大线圈 B，也就是说，磁场改变了，大线圈就会产生电流，并且可以由检流计 G 检测出电流。

◆电磁感应无极灯

**电与磁的世界**

感应。

　　为了研究电磁感应现象，法拉第做了很多很多的实验，到了 1831 年 11 月，法拉第在所写的论文中把产生感应电流的现象归纳为五种情况：变化电流；变化磁场；运动着的恒定大小的电流；运动的磁铁；在磁场中运动的导体。法拉第认为他发现电磁感应是意料中的事，但他很感到意外的是，奥斯特发现的电流磁效应是一种稳定的效应，那么电磁感应也应该是稳定的，可事实必须是运动或者变化的磁场才能产生电流，而且这是一种短暂的效应。

　　法拉第只受过很少的正式教育，这使得他的高等数学知识例如微积分相对有限，他没有能用数学方程来表示出电磁感应定律，不过，他根据实验，用导体切割磁感应线的数目来表述电磁感应定律，是法拉第把磁感应线和电力线等重要概念引入物理学中，以此强调不是磁铁本身而是它们之间的"场"。

# 感应电流的方向

由于导体在磁场中运动而产生电流的现象，是电磁感应现象，产生的电流叫做感应电流。当把通电导体在磁场中向不同方向切割磁感线时，产生的电流方向不同。

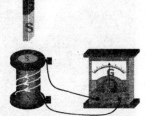

◆电磁感应产生的感应电流方向

在电磁感应的图中，如果把磁铁向下插入螺线管中，刚接触电磁感应知识的同学，可以把线圈中磁通量的变化理解成磁感应线条数的增加。根据楞次定律，线圈中的感应电流应该阻碍其增加，并产生一个与磁铁方向相反的磁场，也就是 S 极在上方，N 极在下方。电流方向，我们可以用安培定则来判断，大拇指指向下方，右手握住螺旋管，就知道电流的方向了。

**小 知 识**

## 楞次定律

感应电流的磁场总要阻碍引起感应电流的磁通量的变化。

**名人介绍——法拉第**

法拉第出生于英国纽因顿，接近现在的伦敦大象堡。法拉第家的经济状况并不好，他的父亲詹姆士是个铁匠以及基督教桑地马尼安教派的一员，于18世纪80年代从英格兰的西北部来到伦敦。13岁时便在一家书店里当学徒。在送报、装订等工作之余，自学化学和电学，并动手做简单的实验，验证书上的内容。

1812年2月至4月又连续听了汉弗莱·戴维4次讲座，从此燃起了进行科学研究的愿望。他曾致信皇家学院院长求助。失败后，他写信给戴维："不管干什么都行，只要是为科学服务"。有一次，法拉第将自己在演讲中细心抄录，并旁征博引，内容达三百页的笔记拿给戴维过目，戴维立刻给予他相当友善且正面

电与磁的世界

◆迈克尔·法拉第（Michael Faraday，1791～1867年）

电
与
磁
的
世
界

◆1843年的法拉第

◆1850年的法拉第在实验室

的答复，并雇用了法拉第作为他的秘书。戴维在1813年3月1日推荐法拉第成为化学助理。

纪录中法拉第最早的实验乃是利用七片便士、七片锌片以及六片浸过盐水的湿纸做成伏特电池。他并使用这个电池分解硫酸镁。1821年，他成功地做出了"电磁旋转实验"。他用简单的装置，显示出通电导体和磁铁相互连续旋转，这是第一台将电能转换成机械能的装置，也就是世界上的第一台发电机，这个装置现称为单极电动机。这些实验与发明成为了现代电磁科技的基石。

在1831年，他开始一连串重大的实验，并发现了电磁感应，他的展示向世人建立起"磁场的改变产生电场"的观念。由法拉第电磁感应定律建立起的数学模型，并成为麦克斯韦方程组之一。这个方程组之后则归纳入场论之中。

1839年他成功地进行了一连串的实验并带领人类了解电的本质。法拉第研究"伏打"电池和生物如电鳗所产生的电流，都产生常见的电现象，如静电相吸等。他由这些实验，作出与当时主流想法相悖的结论，即虽然来源不同，产生出的电都是一样的，另外若改变电压的大小及电荷的密度，则可产生不同的现象。

## 小 贴 士

"我不能说我不珍视这些荣誉，并且我承认它很有价值，不过我却从来不曾为追求这些荣誉而工作。"

——法拉第

## 实验——电磁感应效应

1. 按照图片，把电路连接好，左边可以放一个马蹄形磁铁或者其他磁铁，只要一头是 N 极，另一头是 S 极就可以了。

2. 用导线将金属棒与电流表连接上，慢慢移动，观察电流表有否变化。

3. 快速地移动金属棒，又有什么现象发生呢？

拓展思考

请同学们仔细阅读本节，或者上网查找资料，思考以下的问题：

1. 磁是如何产生电流的？

2. 查一查法拉第的资料，了解一下他的其他发明。

电 与 磁 的 世 界

# 吹尽狂沙始到金
## ——发电机

◆三峡发电站

最近随着电价上调，电能源的紧缺再一次出现在了人们的眼前。火力发电是中国城市中使用的，可是中国已发现的煤资源仅够再使用几十年。那著名的三峡大坝水电站现在每天的发电量可达4.2亿千瓦时，不过，中国水资源紧缺，水电站的个数也就屈指可数了。还有核电站，目前我国也建造了几座核电站，分别是秦山核电站、大亚湾核电站等。无论是哪种发电，都是把其他形式的能量转换成电能。发电机的原理是什么呢？想知道，就一起来阅读这节的内容。

## 发电机的原理

◆发电机组

发电机是把动能或其他形式的能量转化成电能的装置。一般的发电机是先将各类一次能源蕴藏的能量转换为机械能，然后通过发电机转换为电能，经输电、配电网络送往各种用电场合。发电机最早产生于第二次工业革命时期，由德国工程师西门子于1866年制成。

当一个线圈中的磁通量变化时，

这个线圈上就产生感应电流。我们看发电机结构图，水力或者火力等其他能源带动线圈转动，线圈内的磁通量发生变化，感应电流外接相应的用电器，就可以带动用电器工作。对于发电机，就是基于这样一个简单的原理。

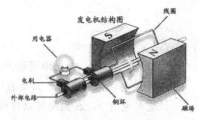

◆发电机结构图

我们看交变电流产生图，第一幅图，线圈逆时针转，线圈内的磁通量减少，那么电流产生的方向就与磁铁形成的磁感应线方向相同，磁感应线方向在磁体外部是从 N 极到 S 极。极安培定则，把右手伸出来，大拇指指向右方，手指则会向上弯，则电流方向应该就是按照线圈 dcba 方向流动。大家看左下方的第三幅图，这时，线圈中 ab 部分 cd 部分刚好位置相反，所以产生的感应电流方向应该是按照线圈 abcd 方向流动。所以这样，电流的方向不断地变化，形成了交流电。如果在一秒内交流电完成周期性变化的次数是 50 次，那么这种电流的频率就是 50 赫兹．我国交流电周期是 0.02 秒，频率为 50 赫兹，每秒电流

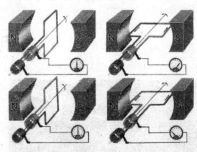

◆交变电流产生图

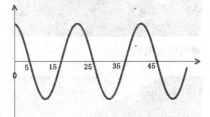

◆正弦交变电流图像

方向改变 100 次。在线圈匀速转动的时候，导线切割磁感线的快慢也是不一样的，由交变电流产生图可知，线圈在水平位置附近的时候，切割磁感线比较快，线圈在垂直位置附近的时候，切割磁感线比较慢，所以产生的电流大小也时大时小而周期性变化。我们生活中的电源电压 220 伏，实际上，最大值是 220 伏。让这种最大值为 220 伏的交流电通过一段导线，过一段时间，放出的热量和 220 伏直流电通过这段导线相同时间放出的热量相同，所以说 220 伏只是这种交流电的有效值。

电与磁的世界

**小博士**

**电流所产生的热效应的计算**

　　对于任何电热器，只要我们用电压表测出它的端电压 $U$，测出通过它的电流 $I$，我们就可以得到这个电热器散出热量的大小。可以用符号 $Q$ 来表示热量，$t$ 来表示时间，则公式为：$Q＝I2Rt$

# 发电机的类型

◆汽轮发电机

◆大朝山水电站

　　由于一次能源形态的不同，可以制成不同的发电机。由于水库容量和水头落差高低不同，可以制成容量和转速各异的水轮发电机。水流经过水轮机时，将水能转换成机械能，水轮机的转轴又带动发电机的转子，将机械能转换成电能而输出。这是水电站比如三峡水电站，小浪底水电站等等，生产电能的主要动力设备。水轮发电机的转速将决定发出的交流电的频率，为保证这个频率的稳定，就必须稳定转子的转速。

　　利用煤、石油等资源，和锅炉、涡轮蒸汽机配合，可以制成汽轮发电机，这种发电机多为高速电机。用汽轮机驱动的发电机，由锅炉产生的过热蒸汽进入汽轮机内膨胀做功，使叶片转动而带动发电机发电，做功后的废汽经凝汽器、循环水泵、凝结水泵、给水加热装置等送回锅炉循环使用。在这个过程中，将机械能转变为电能。

　　此外还有利用风能、原子能、地热、潮汐等能量的各类发电机。核电站就是利用一座或若干座动力反应堆所产生的热能来发电或发电兼供热的

◆风能发电

◆核能发电机

动力设施。核电站的最重要的设备就是反应堆，发生的是链式裂变反应。核电站把铀制成的核燃料，在"反应堆"的设备内发生裂变而产生大量内能，再用高压力下的水把内能带出，在蒸汽发生器内产生蒸汽，蒸汽推动汽轮机带着发电机一起旋转，在这个过程中，就把核能转化成了水蒸气的内能，又转化成了汽轮机的机械能，最后由汽轮发电机转化成电能，把能量送到了各家各户。

拓展思考

请同学们仔细阅读本节，或者上网查找资料，思考以下的问题：

1. 发电机都有哪些类型呢？可以通过哪些方法划分？
2. 我国现在资源紧缺，应该多建哪些类型的发电站？

电与磁的世界

# 我们也来发电吧
## ——水果电池

◆水果电池

电
与
磁
的
世
界

前面讲了发电机是怎样发电的。电磁在我们面前打开了一扇神奇的大门。你是不是也对电磁产生了浓厚的兴趣，想不想自己亲手试一试呢。电池是便利的电储存器，广泛用于日常生活之中。如手电筒、手机、电子表、数码相机、汽车、飞机等中都有电池。电池有各种形状和型号，种类繁多，五花八门。随着科技发展，新型电池更是层出不穷。但你见过用水果做成的电池吗，现在就来做一个吧！

## 水果电池的原理

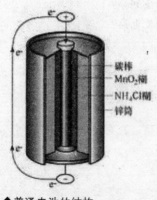

——碳棒
——$MnO_2$糊
——$NH_4Cl$糊
——锌筒

◆普通电池的结构

电池虽然形状和规格不同，但工作原理都是把化学能储存起来转变成电能。电能沿导线流向电器，再回到电池，形成闭合回路。所有电池都有三个基本部件：两个不同材料的电极（正极和负极）和电解质液体（糊状或固体的）电解液储存电子，负极发生化学反应产生电子流，正极吸收电子。当与电路中两个终端相连，或与一个要被供电的电器相连时，电子由负极经外电路（用电器）流向正极，再在电池内部从正极流向负极，形成回路。注意一般不要用导线直接把正、负极相连，这样会烧坏电池。

在你的水果电池中，水果汁是电解液，铜线或铜片是正极；曲别针或铁片是负极。用舌头同时舔铜线和曲别针时，形成闭合回路。

我们还可以做水果电池组，当然原理也是和伏特电池一样的。只是把几个单电池串联在一起，电压和电流强度增大了而已。

## 你要准备些什么呢?

到家里的厨房里看一看吧，要一些不同的水果，比如柠檬、西红柿，还要找一些铁片，可以去看看有没有旧的铁钉、铜丝（一般旧的电线里面用的都是铜丝，注意颜色是棕红色的才是铜丝），还要一些导线，去买一个小灯泡吧，或者把电子贺卡里面的透明小灯（实际

◆水果电池需要的材料

上，那个是发光二极管）取出来，另外还要准备的是剪刀、曲别针、有吸水性的纸巾、铜质硬币 5 角、锌质硬币 1 角等等，电流表并非必需的。

## 一起开始动手吧

把找到的导线剪成约 10 厘米的段，剥掉两头的绝缘层，然后再将曲别针拉直。在柠檬或其他酸酸的液体多的水果上相隔 2.5 厘米处扎两个眼，分别插上铜线和曲别针；尽量使铜线接近曲别针，但不接触。试试用湿润的舌头同时舔铜线和曲别针，如果舌头有麻刺感，这说明水果电池产生的电流流过了你的舌头。当然，这样一个水果电池还不能

◆水果电池

电与磁的世界

◆用电流表测单个水果电池的电流

◆水果电池组

让小灯泡发光。如果你有电流表，可用电流表的两极分别连接铜线和曲别针，再与电流表相连，可发现电流表显示的电流值或电流表指针偏转。

实验中发现：单个水果做成的电池，不能使小灯泡发光，那么灯泡的亮度与哪些因素有关呢：是水果的种类、水果串联的个数、铜片和铁片插入水果的深度、铜片和铁片之间的距离还是电极的种类如碳棒、铜片、铁片、硬币、钥匙、锌片等呢，你不妨画一个表格，都去试一试，并记录下来。

我们先来尝试把两个或更多的水果电池串联起来，看看有什么效果吧：

1. 分别准备好多根电线和一些铁片、铜片。

2. 在每个柠檬或其他水果上相隔2.5厘米的地方切两个小切口。

3. 将柠檬排成串，把铜片和曲别针分别插入每个柠檬皮里，深入果肉内。

4. 把相邻的两个水果之间的铁片和铜片用导线连接起来，两端的柠檬上各多出的一个电极就成为整个水果电池组的正极和负极。这样一个水果电池组就做成了，只要在两端的电极用导线连接上小灯泡或电子音乐贺卡，就能看到小灯泡发亮或发出悦耳的音乐声了。

## 动动手——做个小伏特电池

我们在使用电器时，往往需要几块电池才能有足够的电量。这就是电池组。最早的电池组是由几块单电池组成的。1800 年意大利物理学家亚历山德·伏特制作了第一块不间断电流电源，称为伏特电池。伏特电池像三明治，含有交错排放的银片、浸泡盐水的纸张、锌片。伏特电池一问世就产生了轰动，因为它首次产生了高压电流。我们也来做一个吧，其实还是用水果做，很简单哦。先把柠檬榨成果汁，然后把吸水性强的纸巾剪成约2.5厘米正方形5片，浸在果汁中。之后把电线夹在一个1角硬币锌质上，然后做一个三明治：在这个1角硬币上放一片浸过果汁的纸巾，再放一个铜质5角硬币，加一张纸巾，再放1角硬币，以此类推；最后是5角硬币。最后在最上面的5角硬币上连一根导线，用夹子把它们固定在一起。连上电流计，就可看到有电流产生。

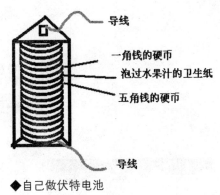

导线
一角钱的硬币
泡过水果汁的卫生纸
五角钱的硬币
导线

◆自己做伏特电池

拓展思考

请同学们仔细阅读本节，或者上网查找资料，思考以下的问题：
1. 一般要几个水果电池才能让发光二极管发光呢？
2. 水果电池的原理是什么？

电与磁的世界

# 不畏浮云遮望眼
## ——电磁波

◆阳光也是电磁波的一种

你知道吗？我们的生活空间里，每一个地方都充满了电磁波。那有同学该说了，我到一个景色很棒的世外桃源去，没有手机辐射，没有微波炉，没有电脑的辐射，没有电视、空调遥控器，那就不会有电磁波了吧。同学，你错了，电磁波的范围非常非常广，除了我们日常生活的这些应用，除了红外线可以应用于红外导弹、遥控，除了 X 射线可以用于医院的胸透，除了伽马射线可以用来治疗，或者在原子发生跃迁的过程中产生新的射线，就连我们平时见到的太阳光等各种光线也都是电磁波。很神奇吧，让我们一起来了解一下吧。

## 历史上电磁波的发现

◆ 麦克斯韦（*Maxwell*, *James Clerk*, 1831~1879 年）

之前已经给大家提到，电磁现象中，法拉第提出了电力线、磁感应线等重要概念，并且提出它们之间不是通过磁铁或导线本身相连接，而是通过它们之间的"场"。但是法拉第的高等数学知识非常有限，在他研究出的现象中，他没有归纳出其中的数学概念，只是提出了现象中的规律。不过，此后出现了一位非常聪明的科学家，他就是麦克斯韦。

在 1854 年，在法拉第、汤姆孙、格林、斯托克斯研究的基础上，麦克斯韦开始研究电磁学。一年后，他发表了第一篇关于电磁学的论文《论法拉第的力线》。麦克斯韦最初的工作就是用高等数学的知识来描述法拉第已经发现的物理现象和物理规律，他在《论法拉第的力线》开篇中说道，法拉第发现了很多种不相同的现象，我的计划是，按照法拉第的思想，用数学的方法来表明这些现象之间的联系。麦克斯韦得出了著名的安培环路定理，指出变化的电场产生磁场。麦克斯韦根据他的模型算出，电磁波传播的速度为 310 740 000 米/秒，而当时实验测定的空气中的光速为 310 959 000 米/秒。如此的相近，人们就开始猜测光就是引起电和磁现象的同一媒质的横波。这是人类第一次认识到光就是电磁波。

◆年轻的麦克斯韦在剑桥大学拿着他的色轮

1864 年，在英国皇家学会，麦克斯韦宣读了他的《电磁场的动力学理论》的论文。1865 年，麦克斯韦在英国写出了《电磁论》，这部巨作被后人认为是与牛顿的《自然哲学数学原理》并列的最重要的著作之一。其中包含了对静电现象、电介质、等势面、电流、电阻、磁场强度、电磁感应等内容的描述，这部书在电磁学的历史上，地位重要，把电磁学的理论提到了一个相当高的高度，在理论上论证了电磁波的存在，以至于在当时很多人在理论被提出后很久都不能理解。直到 20 年后，德国物理学家亨

◆詹姆斯和麦克斯韦，1869 年

电与磁的世界

利希·鲁道夫·赫兹于 1887 年至 1888 年间，研制出了发射电磁波和接收电磁波的探测器，不仅证实了电磁波的存在，并且在实验中测出电磁波的速度与光速相同，也就具有反射、折射、干涉、偏振等物理特性。

## 电磁波是什么呢？

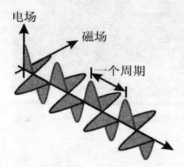

电场

磁场

一个周期

◆电磁波模型变化的电场和磁场

电与磁的世界

◆电磁波自动检测系统

在电动力学里，根据麦克斯韦方程组，随着时间变化的电场产生了磁场，反之亦然。一个点电荷可以产生稳定的电场，我们把它叫做静电场。当然，如果是导体中稳定流过的电流呢，自然也会产生稳定的电场。相对静止的电荷周围存在着静电场，如果电荷作匀速运动，电场也随之移动。通过前面的学习我们知道，变化的电场会产生磁场，那么磁场也就存在了。不过，这个磁场依附于运动的电荷，它也不会脱离电流而在空间前进。但是，当电荷加速运动时，产生的电磁场就会脱离运动的电荷而在空间中自动传播。比如正弦交流电，我们知道我们生活中用的电都是交流电，50 赫兹的意思就是，电流要在一秒钟内大小和方向进行 50 次周期性变换，我们可以看电磁波模型中，虚线的部分表示变化的电场，它的大小在坐标轴上，一会高一会低，像水波一样变动。一个振荡中的电场会产生振荡的磁场，而一个振荡中的磁场又会产生振荡的电场，这样，连续不断同相振荡的电场和磁场共同地形成了电磁波。大家可以联想一下水中的涟漪，当一个石子投下去，水面就起了波澜，假如没有任何阻碍，这个涟漪将会永远地振荡下去。电磁波也是一样，电能产生磁，磁也能产生电，在空间中，电场和磁场就这样同时存在着，像水波一样向前传播着能量。

我们可以用符号 c 来表示电磁波的速度，T 来表示电磁波往前传播一个周期所需要的时间，λ 表示往前传

◈三棱镜把可见光按频率不同区分开

播一个周期的距离，叫做波长。我们可以得到公式 $c=\lambda/T$，波速＝波长÷周期。根据现代实验测定的数据 $c=2.99793\times10^8$ 米/秒．在上面的图片中，我们看到相互垂直的电场和磁场变化着向前传递，可是不同种类的电磁波，它们的周期是不一样的，有的快、有的慢，也就是往前传播一个周期，它们所需要的时间是不相同的。我们把 1 秒钟内变换的次数叫做频率，用符号 f 表示，由于 $f=1/T$，所以刚才的公式可以写作 $c=\lambda f$，即波速＝波长×频率。

电磁波频率高时既可以在自由空间内传递，也可以束缚在有形的导电体内传递。从科学的角度来说，电磁波是能量的一种，凡是高于绝对零度的物体，都会释放出电磁波。在自由空间内传递时，电能、磁能随着电场与磁场的周期性变化以电磁波的形式向空间传播出去，不需要介质也能向外传递能量，这就是一种辐射。电磁波的能量，又称为辐射能。太阳与地球之间的距离很遥远，但是地球几十亿年来一直感受着太阳的光与热，接受着来自太阳的能量。

除了刚才描述的电磁波有波动的性质外，实际上电磁波还拥有像粒子那样的性质。电磁辐射是由离散能量的波包形成的，波包又称为量子或光子。光子的能量与电磁辐射的频率成正比。由于光子可以被带电粒子吸收或发射，光子承担了一个重要的角色，能量的传输者。根据普朗克关系式，光子的能量式 $E=h\nu$，h 是普朗克常数，$\nu$ 是频率，也就是说，电磁波的频率越高，该光子的能量也就越大。

电与磁的世界

**讲 解**

### 电磁波的性质

　　电磁波为横波。电磁波的磁场、电场及其行进方向三者互相垂直。振幅沿传播方向的垂直方向作周期性交变，其强度与距离的平方成反比，波本身带能量，任何位置之能量功率与振幅的平方成正比。

**点 击**

### 电磁波的档案

| 中文姓名：电磁波 |
| --- |
| 英文姓名：electromagnetic wave |
| 性别：按照频率可分为无线电波、微波、红外线、可见光、紫外光、X—射线和伽马射线 |
| 外形：波长、频率、质量、动量、能量各不相同 |
| 爱好：波粒二象性；传播能量 |
| 产生的原因：高于绝对零度的物体放出辐射；高频交流电路易向周围发射电磁波 |

电
与
磁
的
世
界

# 电磁波的"个性"

　　电磁波具有频率，频率的大小从低频率到高频率，包括无线电波、微波、红外线、红橙黄绿青蓝紫的可见光、紫外线、X射线和伽马射线等等。我们可以从图中看到上述的电磁波的波长不相同，我们平时收音机的信号，无线电的波长大概在几十米到上百米左右，小的伽马射线的电磁波波长只有 $10^{-12}$ 米。目前人类已观察到的电磁波最低频率 $f=10^{-2}$ Hz；电磁波的最高频率是宇宙的 $\gamma$ 射线，频率为 $f=10^{25}$ Hz.

　　除了可见光，电磁波都是无形无色无声无味，人们看不见、摸不着，造成历史上研究电磁波的一定的困难、现在，人类依旧看不见它们，但可

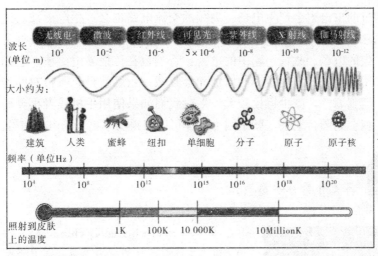

◆电磁波谱的相关知识

以用仪器检测出来，并且区分出来它们的类别。

在人类的生活空间都充满着电场和磁场，那是因为电磁波就是变化的电场和磁场。在我们的地球上，有来自宇宙的高能射线、太阳中的紫外线，还有我们平时可见的阳光，红外线，甚至地球的地磁场，更不要说之

◆收音机会接收电磁信号，即电磁波

◆海因里希·鲁道夫·赫兹（Heinrich Rudolf Hertz, 1857～1894 年）

电与磁的世界

前提到过的雷电也会产生电场。高频的交流电路也会产生电磁波，这是人工的电磁波。现在我们生活中的广播、手机信号，还有公路电线杆上的高压电产生的电场、磁场，家中的电视、音响也在传播着电磁波，它们各有各的作用。电磁波随着距离的增加而会衰减，意思就是说所带有的能量会减少，遇到墙壁，减少得比较大。平时我们如果使用手机或者小灵通信号不好，就会到阳台上去，就是因为这样可以获得功率更大的电磁信号。

## 名人介绍——赫兹

电与磁的世界

◆卡尔斯鲁厄大学校园内的赫兹纪念像

赫兹（Heinrich Rudolf Hertz, 1857～1894年）出生于德国汉堡的犹太家庭，父亲是一位律师和参议员，母亲是一位医生的女儿。他有三个弟弟和一个妹妹。少年时，他就很喜欢光学和力学实验。十九岁进入德累斯顿工学院学工程，由于对自然科学的爱好，次年转入柏林大学学习物理学，他是柏林洪堡大学著名教授古斯塔夫·基尔霍夫和赫尔曼·冯·赫姆霍兹的学生。1880年赫兹获得博士学位，但继续跟随亥姆霍兹学习，直到1883年他收到来自基尔大学出任理论物理学讲师的邀请。1885年任卡尔斯鲁厄大学物理学教授。1889年，接替克劳修斯担任卡尔斯鲁厄大学物理学教授，并在那里发现电磁波。

赫兹在柏林大学跟随赫姆霍兹学物理时，受到赫姆霍兹的鼓励，研究麦克斯韦电磁理论。赫兹根据麦克斯韦的电容器经由电火花隙间产生振荡原理，设计了一套电磁波发生器，当感应线圈的电流突然中断时，其感应高电压使电火花隙间产生火花。瞬间后，电荷便经由电火花在锌板间振荡，频率高达数百万赫兹。由麦克斯韦理论，产生的就是电磁波。赫兹在实验时曾指出，电磁波可以被反射、折射和如同可见光、热波一样地被偏振。由他的振荡器所发出的电磁波是平面偏振波，其电场平行于振荡器的导线，而磁场垂直于电场，且两者均垂直传播方向。

1887年11月5日，赫兹在寄给赫姆霍兹一篇题为《论在绝缘体中电过程引起的感应现象》的论文中，总结了这个重要发现。1888年1月，赫兹将这些成果总结在《论动电效应的传播速度》一文中。赫兹实验公布后，轰动了全世界的科学界。1889 年在一次的演说中，赫兹提出光是一种电磁现象。1896 年，意大利的马可尼开始第一次用电磁波传递信息。1901 年，马可尼成功地将电磁波信号送到大西洋彼岸的美国。到了 20 世纪，无线电通信已经成为了人们日常生活中的一部分。赫兹实验不仅证实麦克斯韦的电磁理论，更为无线电、电视和雷达的发展奠定了基础。

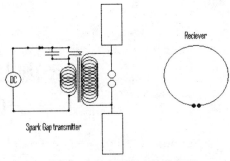

◆1887 年赫兹论文中的实验装置原图

拓展思考

请同学们仔细阅读本节，或者上网查找资料，思考以下的问题：
1. 什么是电磁波？
2. 电磁波是如何被发现的？

电与磁的世界

# 已经离去的历史
## ——电报

古时有"烽烟起处妃子笑，刀兵动时帝王惊"，这恐怕是古代最快捷的通信方式了。在当时，烽烟只能表达一个含义，敌人来侵，否则就会造成大乱。古代还有一些其他的通信方式，比如，驿送、信鸽。这都是借助动物的力量来传输信息。在海军中，旗语是世界各国海军通用的语言，不同的旗子，不同的旗组表达着不同的意思，不过，这些传输方式对于习惯现代通信的人来说，还是非常慢。

在这一节，我们一起来聊一聊电报吧。

电与磁的世界

◆烽火台

◆信鸽

## 电报的历史

自从电磁波被发现以来，人们就梦想着能有一种新的信息传输方式，很多人都着迷似地研究，包括有线电报的发明者莫尔斯。虽然现在电报几乎在公众的生活中消失了，只有国家行政机关和省一级政府之间还存在一种叫明传电报的信息传送渠道，还有，各国驻外使馆与国内外交部之间也仍然使用密码电报联系。

18世纪30年代，美国的莫尔斯开始了解了什么是电流，莫尔斯开始想，电流可以瞬间通过导线，怎么样可以用电流来传递消息呢？他花了大量的时间来学习电磁学，经历了一个又一个的失败，终于有一次，他发现电流只要停止，就会出现电火花，有火花出现可以看成是一种符号，没有火花

◆西门子T100型号的电报打字机

出现是另一种符号，没有火花的时间长度又是一种符号。这三种符号组合起来可代表字母和数字，就可以通过导线来传递文字了。1844年5月24日，莫尔斯站在在美国国会大厅里，使用电报机，电文通过电线很快传到了数十千米外的巴尔的摩，同时他的助手准确地把电文译了出来。莫尔斯电报成功了，消息迅速传到世界各国。

1871年，英国、俄罗斯、丹麦设的香港至上海、长崎至上海的水中电缆，全长2237海里，他们秘密地从海上将海缆引出，沿扬子江、黄浦江敷设到上海市内登陆，并在南京路12号设立报房。从1871年6月3日开始通报，这是帝国主义入侵中国的第一条电报水线和在上海租界设立的电

◆莫尔斯（Samuel Finley Breese Morse, 1791～1872年)

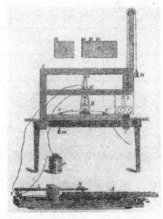

◆莫尔斯所画的电报机图片

电与磁的世界

报局。

    1873 年，中国有了最早的汉字电码，法国驻华人员威基杰参照《康熙字典》的部首排列方法，挑选了常用汉字 6800 多个，编成了第一部汉字电码本，名为《电报新书》。后由我国的郑观应将其改编成为《中国电报新编》，这是中国最早的汉字电码本。

**小知识——莫尔斯电码**

大家可能还对电影《风声》中的莫尔斯电码有印象，让我们一起来看看吧。

| 字符 | 电码符号 | 字符 | 电码符号 | 字符 | 电码符号 |
|---|---|---|---|---|---|
| 1 | ·———— | C | —·—· | P | ·——· |
| 2 | ··——— | D | —·· | Q | ——·— |
| 3 | ···—— | E | · | R | ·—· |
| 4 | ····— | F | ··—· | S | ··· |
| 5 | ····· | G | ——· | T | — |
| 6 | —···· | H | ···· | U | ··— |
| 7 | ——··· | J | ·——— | V | ···— |
| 8 | ———·· | K | —·— | W | ·—— |
| 9 | ————· | L | ·—·· | X | —··— |
| 0 | ————— | M | —— | Y | —·—— |
| A | ·— | N | —· | Z | ——·· |
| B | —··· | O | ——— | | |

电与磁的世界

## 小知识——无线电报的诞生

1887 年，赫兹在自己的实验室在中获得了电磁波，他用的谐振器在电磁波的作用下，金属环的两端之间会迸发出电火花。到了 1890 年，布兰利发现粉末检波器，是一根 4 厘米长的小玻璃管，管内有少量水银的镍、银粉末。平时，管内的金属粉末几乎为绝缘体，但当发报机发射的电磁波到达收报机时，粉末在高频信号电压作用下彼此凝聚，成为电阻仅为几欧姆的导电体。于是在与电池串接的电报机中将有电流流通，电报机开始工作，自动记录接收到的电码。1895 年波波夫在俄国物理化学协会物理分部的会议上演示了自己的第一部无线电接收机，雷暴指示器，是无线电报的产生的基础。

1875 年夏天，马可尼成功地实现了无线电报通信。他在别墅的三楼实验室和 2.7 千米远处的山丘之间进行了无线电报。其发报机中，采用了鲁门阔夫于 1851 年在巴黎设计的带有铁芯的高压变压器，将莫尔斯电报电键与高压变压器的初级线圈相连接。当按击莫尔斯电报键时，变压器的初级电流被一个与电铃相似的"断续器"周期性地通、断，每一个信号在线圈中产生一个很高的感应电压，接在次级线圈上的两个小球之间产生电火花，通过挂在树上的细长天线向周围空间发射出电磁波脉冲。在收报机中，装有一根接收天线。接收天线后使用的是布兰利发明的粉末检波器。1901 年他发射的无线电信息成功地穿越大西洋，从英格兰传到加拿大的纽芬兰省。1909 年马可尼因其发明而获得诺贝尔奖。

◆ 波波夫（Александр Степанович Попов 1859～1906 年）

◆俄国为了纪念波波夫，发行"无线电先驱波波夫"邮票

电与磁的世界

 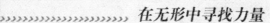
 名人介绍——马可尼

马可尼出生于意大利博洛尼亚，是家里的第二个儿子。还是少年时，他对物理和电气科学就有浓厚兴趣，并研究了麦克斯韦、赫兹、里吉、洛奇等人的著作。1895年他开始进行无线电的实验，并成功发送一个距离为半英里的无线信号。

马可尼在1896年带着他的仪器到了英国，在那里他认识工程师威廉普里斯，同年被授予世界上第一个无线电报系统的专利。在1897年7月，他成功地建立了他的公司，可以跨越里斯托尔海峡发射无线电信号。同年，他给了意大利政府一套设备，无线电信号的发送超过了19千米的距离。在1899年他的无线电波横越英吉利海峡，使得法国和英国之间的即时沟通成为可能。1937年，马可尼与世长辞，在意大利罗马有近万人为他送葬，同时，英国所有无线电报和无线电话，以及大不列颠广播协会的广播电台停止工作2分钟，向这位无线电领域的伟大人物致哀。马可尼以及其他一些为无线电通信领域作出贡献的科学家虽然离开了我们，可是他们发明的无线电通信技术留给了后人，并将造福于人类的子子孙孙。

◆古列尔莫·马可尼（Guglielmo Marconi，1874～1937年）

◆美国华盛顿的国家历史遗产之马可尼纪念碑

电与磁的世界

拓展思考

请同学们仔细阅读本节，或者上网查找资料，思考以下的问题：

大家还记得《风声》中的那些符号吗？请大家自己上网查一下中国的电码表，自己来试试用莫尔斯码编码消息吧。

电与磁的世界

# 人们生活的好帮手
## ——电磁炉

◆电磁炉

电磁炉在生活中非常常见，因为它升温快、热效率高、无明火、无烟尘、无有害气体、对周围环境不产生热辐射、体积小巧、安全性好和外观美观等优点，能完成家庭的绝大多数烹饪任务。所以，现在基本上大家都喜欢用电磁炉，那么电磁炉的原理是什么？

让我们一起来读这节的内容吧。

## 电磁炉

世界上首台家用电磁炉是 1957 年由德国制造的，但是输出的功率只有 100 瓦左右。到了 1998 年以后，中国生产出一大批的电磁炉。电磁炉的种类，按照加热频率分为高频电磁炉和工频电磁炉；又可分为民用加热、科研加热、工业加热三种类型。而现在市场上的电磁炉工作频率都以高频为主，绝大部分都采用 LC 并联谐振为基础的电路形式。

电磁炉是采用电磁感应来加热食物的。电磁炉面上是一块陶瓷板，打开电磁炉的电源开关以后，我们如果用手去摸陶瓷面板，发现

◆电磁炉

它总是冷的。这种炉子使用起来就非常安全，人不会被炉子烫伤。那怎么加热食物的呢？把铁制的锅放在电磁炉上，加热的速度非常快，而且很容易调节锅的温度。

# 电磁炉的原理

电磁炉的总体结构包括电子线路部分和外包装部分。电子线路部分包括功率板、控制面板、显示器、线圈盘及热敏电阻。电磁炉工作的时候，主要是把电能转化成热能，原理就是电磁感应。当电磁炉正常加热的时候，把整流后的直流电转化成频率为20kHz到40kHz的高频电压。电磁炉的线圈盘上就会产生交变电磁场，反复变化，直接让锅底产

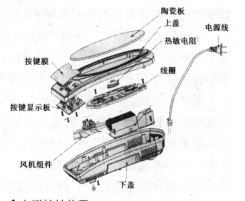

◆电磁炉结构图

生涡旋的电流，涡流使铁原子高速无规则运动，原子互相碰撞、摩擦而产生热能，就可以加热锅里的食物了。这种加热的方式，热效率非常高。

除了涡电流，磁滞损耗也是产生热能的原因。交流磁场在不停地改变

◆电磁炉的线圈

器皿金属的磁极方向时会损失能量而形成热能。热力来源以涡流所产生的为主，磁滞损耗产生的热能少于 10%，加热了的器皿便可加热食物。

电磁炉内部的铜制线圈需有较多圈数，铜制线圈与金属器皿可以看成一初级高圈数而次级只有一圈的变压器。因此，多圈数的铜线圈有很高的电阻，使得电流相对于器皿内的涡旋电流低很多，由于功率 $P = I^2 R$，在大电流的锅底会有很多的热量产生，而电磁炉内部的铜线圈只有较小的热功率损耗，因此发热的是器皿而不是铜线圈。

电磁炉有很多优点，不会在室内消耗氧气及产生二氧化碳，不会因燃烧不完全而产生一氧化碳，不会有气体炉具漏气的危险。铁锅移去后，炉面即时的温度会低很多，所以意外碰到刚关掉的炉面而灼伤的机会也很小，不会像微波炉产生高频电磁波。不过，电磁炉也有一些缺点，因为只有铁质的材料容易产生涡电流，所以铁质材料制造的器皿才可用于电磁炉，像玻璃、陶瓷、铝这些材料制成的锅都不适用。而锅底的形状也需是平底，这样才能贴近电磁感应的炉面。还有，一定要注意，使用心脏起搏器的人不适合使用电磁炉，因为电磁炉的交变磁场有可能影响心脏起搏器的运作而产生危险。

电 与 磁 的 世 界

### 电磁炉有电磁辐射吗？

电磁炉的发热原理是通过产生交变磁场达成，而不是电磁波辐射，磁场与微波炉或手提电话产生的电磁波性质不同；正如电磁铁在通电后会产生强大磁场，但不会产生电磁波一样。虽然不停开关电磁铁也会产生电磁波，这也是电磁炉的工作模式，但由于电磁炉的工作频率只有 20～27kHz，低于手机的 3 万分之一、微波炉的 10 万分之一，在离电磁炉不足 33 厘米处这些低频电磁波就已经完全消散，而强度非常弱。

拓展思考

请同学们仔细阅读本节，或者上网查找资料，思考以下的问题：

1. 电磁炉的原理是什么？

2. 为什么电磁炉的炉体不会发热呢？

电
与
磁
的
世
界

# 电磁辐射的危害

## ——到底离我们有多远

我们已经知道，电磁波实际上是能量通过变化的电场和磁场进行传播。不同的频率，不同的辐射强度，对于人类的危害不同。电视看久了，很多人眼睛的视力下降，造成了近视。有人说，电磁辐射不仅会造成视力下降，还可能会造成白血病，甚至有人说，会引发癌症，这些是真的吗？

那么，电磁辐射到底是什么呢？它和电磁波有什么关系？在生活中，它们都来自哪里呢？手机辐射、电脑辐射的国家标准是什么，到底对于人体的健康影响有多大？还有生活小区里的移动信号基站，是不是对人们的健康有害？现代人的生活，总是一天到晚一直对着电脑，到底上网多长时间才合适呢？手机的使用，已经成为我们日常生活中的一部分，那么，如何正确使用手机，需要注意哪些问题呢？

请大家一起来阅读这一篇的内容，我们一起来讨论。

◆生活中的笔记本电脑

# 生活中的双刃剑
## ——电磁辐射

我们总是听到"电脑辐射"，"手机辐射"等等各类的辐射，很多同学却不知道辐射到底是什么，到底有没有害，回到家里，一边想放松，一边又担心电磁辐射会不会对身体造成伤害，还有很多同学听过这么一个说法，在电脑旁放一盆仙人掌可以吸收辐射，或者多喝绿茶，可以抗辐射，这是真的吗？辐射到底是什么？它是怎么产生的？它都有哪些呢？不同频率的电磁波都有哪些作用？它到底是利大于弊，还是弊大于利呢？那让我们从最基本的开始了解，一起来阅读本节的内容吧。

◆移动电话基站

## 电磁辐射是什么？

电磁辐射，其实还是电磁波。只不过，电磁波这个名称侧重于表达电磁场的波动性，而电磁辐射主要侧重于电磁场在传播的过程中传递能量，辐射的意思就是粒子、光、电磁波等向四周扩散。电磁辐射可以分为自然的和人工的两类。来自自然界电磁辐射源主要有宇宙射线，星际电磁辐射，来自太阳的紫外线、可见红外线，或者由于地震的射线，还有地磁场和大气层的电磁场等等。而人工的电磁源可以分为工频电磁场和射频电磁场，其中频率大于100kHz的称为射频。

## 万花筒

**哪些东西会成为辐射源呢？**

我们家庭中的冰箱、彩电、空调、洗衣机、电灯、电脑、复印机等，还有公共的高压输电线路、变电站、轻轨、磁悬浮等，这些都是工频电磁场。在日常生活中，常见的射频电磁场的辐射源主要有电磁波的发射系统，比如广播电视发射台，卫星地面站，导航定位系统，移动电话基站，以及微波炉，还有用于工业、科研、医疗、军事等大量产生射频电磁波的设备设施。

电与磁的世界

## 电磁辐射的分类

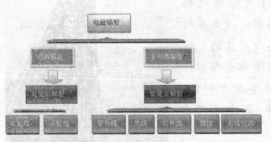

◆辐射种类的分类

**当心电离辐射**

◆电离辐射的警示牌

电离辐射是一切能引起物质电离的辐射总称，其种类很多，高速带电粒子有 α 粒子、β 粒子、质子，不带电粒子有中子以及 X 射线、γ 射线。对于电磁辐射中的电离辐射，就指的是 X 射线、γ 射线。高能量的电磁波把能量传给被辐射到的物质以后了，能够打断物质的分子键，或者使物质分子中的原子变成离子状态，结果会使被辐射到的物质内充满带电离子，这种效应叫做"电离化"，所以高能量的辐射又叫做电离辐射。能够产生这种电离辐射效应的，必须是能量高于 $10eV$，频率大于 $2.4 \times 10^{15} Hz$ 的电磁波辐射。一般 X 射线照射、原子弹爆炸产生的 γ 射线、高能宇宙射线，还有紫外线灯，照射到人体上，会形成电离效应，破坏生理组织，对人体形成伤害。

非电离辐射是指频率低于 $2.4\times10^{15}$ Hz 的电磁波辐射，这种辐射不会使原子产生离子或自由基。包括部分紫外线、可见光、红外线、微波，甚至包括极低频的电磁波。非电离辐射对人体的生物学效应与其物理特性有密切关系，特别是与其光子的能量、波束的功率和穿透组织的能力有关。非电离辐射主要是以热效应作用于人的皮肤，就像晒太阳一样，会有暖暖的感觉。

◆非电离辐射的标志

 **知 识 窗**

**能量的单位**

eV 是电子能量的单位，大小 $1eV=1.602\times10^{-19}$ 焦耳。

## 电磁环境——我们的家园

电磁环境的定义是，所有电磁现象的总和，包括自然和人工的两类电磁辐射。天然的电磁辐射自宇宙形成之日就存在了。人类从原始人开始，一直就生活在天然的电磁环境下，阳光就是属于电磁辐射，如果缺失了这种天然的电磁环境，人类就无法生存。而人工的电磁辐射，则是从发电站建立开始。近年来，人们的生活中充满了各类人工电磁辐射源。

电磁辐射源越来越多，造成了电磁辐射的干扰，严重影响了无线电通信的距离和通信质量。原因很简单，假如教室里很安静，那么老师讲话，大家都听得很清楚，假如同时大家都在讨论，那么你想再听清楚老师的讲课，就不那么容易了。大家肯定对电影里面抗日战争中，他们使用的简陋的无线电设备有印象，那些的功率大概在 15 瓦左右，而现在得提高 100 倍左右，清晰度才和当时差不多。所以，国家制定了《发射机频率

◆对讲机

电
与
磁
的
世
界

容限》和《无线电发射标识及必要带宽的确定》等标准，来保护无线电的电磁环境，避免有的大功率辐射源，在一定空间内形成污染，影响了人们的通信质量，甚至可能会造成人们的身体疾病；除了避免大功率辐射源，还是对电磁资源的一种保护。大家可能对对讲机有印象，一个人使用完了以后，总说"over"。这样，听的人才知道，刚才讲话的人把对讲机已经关了。因为在一个地区，一个频道只能一个设备使用，而且人类目前对于3000GHz以上的频率还无法利用。电磁资源是非常有限，但是没有国界的。

### 友情提醒——电磁辐射的强度单位

功率：辐射功率越大电磁场强度越高，单位是瓦（W）；

功率密度：指单位时间单位面积内所接收或发射的高频电磁能量，单位是瓦/平方米（$W/m^2$），兆瓦/平方米（$MW/cm^2$）表示；

电场强度：用来表示空间各处电场的强弱和方向的物理量，电场强度的单位是伏/米（V/m），强度较大的时候用千伏/米（kV/m）表示；

磁场强度：用来表示空间各处磁场的强弱与方向的物理量，单位是安/米（A/m）；

磁感应强度：表示单位体积面积里的磁通量，用于描述磁场的能量的强度，单位是特斯拉（T）或高斯（Gs）

### 链接——无线电频率划分表

| 名称 | 甚低频 | 低频 | 中频 | 高频 | 甚高频 | 超高频 | 特高频 | 极高频 |
|---|---|---|---|---|---|---|---|---|
| 符号 | VLF | LF | MF | HF | VHF | UHF | SHF | EHF |
| 频率 | 3～30 kHz | 30～300 kHz | 0.3～3 MHz | 3～30 MHz | 30～300 MHz | 0.3～3 GHz | 3～30 GHz | 30～300 GHz |
| 波段 | 超长波 | 长波 | 中波 | 短波 | 米波 | 分米波 | 厘米波 | 毫米波 |

| 名称 | 甚低频 | 低频 | 中频 | 高频 | 甚高频 | 超高频 | 特高频 | 极高频 |
|---|---|---|---|---|---|---|---|---|
| 波长 | 1kkm～100km | 10km～1km | 1km～100m | 100m～10m | 10m～1m | 1m～0.1m | 10cm～1cm | 10mm～1mm |
| 传播特性 | 空间波为主 | 地波为主 | 地波与天波 | 天波与地波 | 空间波 | 空间波 | 空间波 | 空间波 |
| 主要用途 | 海岸潜艇通信；远距离通信；超远距离导航 | 越洋通信；中距离通信；地下岩层通信；远距离导航 | 船用通信；业余无线电通信；移动通信；中距离导航 | 远距离短波通信；国际定点通信 | 电离层散射；流星余迹通信；人造电离层通信；对空间飞行体通信；移动通信 | 小容量微波中继通信；对流层散射通信；中容量微波通信 | 大容量微波中继通信；大容量微波中继通信；数字通信；卫星通信；国际海事卫星通信 | 再入大气层时的通信；波导通信 |

电
与
磁
的
世
界

拓展思考

请同学们仔细阅读本节，或者上网查找资料，思考以下的问题：

1. 请同学拿出收音机，注意一下，收音机的频率范围是多少，可以收到多少个台，有没有几个台占用一个频道呢？

2. 请同学思考，电磁辐射又叫做什么，可以怎么分类呢，有几种分类的方法？

# 阳光也有阴暗面
## ——紫外线对人体的危害与防护

◆室外注意紫外线的防护

电与磁的世界

我们现在面临着三个严峻的环境问题：臭氧层减薄、温室效应和酸雨。这些年来，由于臭氧层衰减引起的紫外线辐射增强而产生的严重的生态学后果，已经受到了人们的重视。哥本哈根世界气候大会全称《联合国气候变化框架公约》缔约方第 15 次会议，于 2009 年 12 月 7～18 日在丹麦首都哥本哈根召开，成为人类直面挑战并果断处理问题的历史时刻。会议的焦点则是温室效应——会让海平线上升，一些沿海国家会消失。而臭氧层变薄则由于它的危害摸不到，看不见，被人忽视了。其实紫外线对人类的伤害也是不可不防。

让我们来读这一节的内容吧。

**地球大气层**

| 散逸层（>800千米） |
| 热成层（80千米-800千米） |
| 中间层（50千米-80千米） |
| 平流层（11千米-50千米） |
| 对流层（0千米-11千米） |

## 大气的臭氧层

臭氧分子由三个氧原子构成，平时我们周围空气里面的氧气分子，都是由两个氧原子连在一起构成的。臭氧的气味不那么好闻，平时，我们如果凑到电视机，或者把手机后盖掀开，就会闻到一股臭臭的气味，那就是臭氧的气味。臭氧层主要位于离地球表面的大气层中的"平流层"部分，因而称之为"臭氧层"，大家不要理解成这一层全是臭氧了，臭氧的含量仅占同高度空气体积的十万分之一以下。大气中的臭氧约有

90％是通过太阳发射的高能量紫外辐射而形成的，也就是说紫外辐射将氧分子分解成氧原子再和其他氧分子结合而形成臭氧，而且来自太阳的高能辐射也能将臭氧分解成氧分子和游离的氧原子。

## 科技文件夹——臭氧的减少

从 1957 年（这一年是地球物理年）开始，在南极洲的四个科研站开始定期测量臭氧。后来 1970 年，有一系列人造卫星开始测量臭氧。此时，大气层臭氧开始变化。到了 1984 年，英国的科研小组发现，南半球处于春年季时，南极洲上空的臭氧浓度比 1960 年减少了 40％。同样卫星很快证实了这一结果，这个臭氧空洞的面积足有美国领土那么大。从 1979 年以来，在南极洲，每年大约都有 5％的臭氧减少。直到近年来，全球才逐渐减少氟利昂冰箱的使用。

## 紫外线还有分类吗？

臭氧层能够吸收太阳光中紫外线的 UVC 和 UVB，而几乎不能吸收 UVA。大家可能看见紫外线伞上面都标有抗 UV，UV 的意思，就是紫外线。紫外线根据波长可以划分为长波 UVA、中波 UVB 和短波 UVC 三种。波长越长，穿透能力越强。长波UVA，波长介于 320～400 纳米，具有很强的穿透力，能穿透玻璃，甚至 3 米厚的水；且一年四季，不论阴晴、朝夕都存

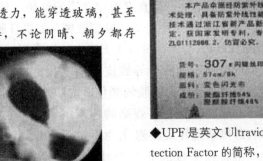

◆UPF 是英文 Ultraviolet Protection Factor 的简称，即紫外线防护系数。后面是 UVA 的透过率小于 5％。

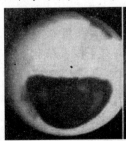

◆南极臭氧层空洞

◆防紫外线伞

在。日常皮肤接触到的紫外线，95％以上是UVA。中波 UVB，波长介于 290～320 纳米，会令表皮细胞内的核酸和蛋白质变性，产生急性皮炎即晒伤等症状。短波 UVC 不影响皮肤健康，波长介于 200～290 纳米，在到达地面之前就被臭氧层吸收了，因此其对皮肤的影响可以忽略。

并不是所有的地方紫外辐射的强度都是一样的，影响紫外辐射的因素有很多，最主要的有，不同的大气状况，天气，还有不同的地理环境以及人为因素等；每天的不同时段、季节、地理纬度、海拔高度、云层、地球表面的反射情况、空气污染的情况等等。我们注意到，北方人对于紫外线并不是怎么注意，一般只有下雨天才会带着伞出门。而在南方，比如到了广东、海南、云南等地，大家几乎在晴朗的天气里，都要拿上伞，要不就会容易晒伤。

## 紫外线的危害

紫外线能够造成眼睛的光角膜炎、眼睑红斑、白内障以及视网膜的损伤。短时间内过度地暴露于在紫外辐射下，可以引起急性的皮肤反应，包括黑色素加深、黑色素颗粒向表面移行，表现出来的是晒黑或者产生红斑、表皮细胞生长的改变以及药性光过敏反应等。由于血管扩张从而血流量和通透性增加，会产生真皮炎症性质的红斑。日光强烈的时候，照后立即发生、可持续 1～2 小时的速发型红斑，如果日照不是特别强烈，一般在 2～10 小时以后，会发生持续 1 天以上的迟发型红斑。

长期的紫外线辐照会导致皮肤的老化、黑瘤及非黑瘤性皮肤癌等病变。紫外线照射会加速皮肤的老化，皮肤外观的变化可有干燥、革化、失去弹性、起皱并常伴有不规则的色素沉着等；专业的术语是说真皮层增厚，弹性纤维紊乱并最终退化为不定形组织；表皮的变化很明显，如增厚、色素沉着和胞核的非典型性变化等；黑素细胞不规则地分散于基底膜。

实验发现，经过慢性紫外线照射的小鼠，它的皮肤会起皱，同时皮肤

电与磁的世界

的弹性硬蛋白和胶原显著减少。过度的紫外线照射所致的最严重的影响是皮肤癌的发生。早在 19 世纪后期，皮肤病学家研究海员的皮肤就发现，容易产生皮肤癌。并且，科学家使用石英汞蒸汽灯辐射的紫外线照射小鼠实验复制出了皮肤癌。

# 对于紫外线的防护

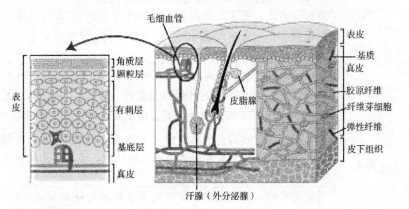

◆皮肤结构图

上午 10 点到下午 3 点的阳光中的紫外线最强，应尽量避免在这个时间段外出。

可以观看紫外线预报，注意相应的防护措施。

除了使用防紫外线的伞，以及防晒霜等，人们还是要注意自己皮肤天然的防护抵御能力，可以在日照不强的时候，多到阳光下晒晒，这样，可

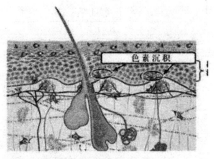

◆黑色素会在皮肤中沉积

以使表皮的鸟氨酸脱羧酶和 S－腺苷甲硫氨酸脱羧酶能够催化多胺的合成，而这些多胺类物质能够加速细胞周期，最终表皮的增厚，从而使穿过表皮的紫外辐射减弱，对其下层的组织起到了保护作用。另外，紫外辐射还可以刺激黑素细胞将黑素体转化为角化细胞。而黑素体里面含有黑素生成的

电与磁的世界

关键性酪氨酸酶。黑素可以通过热的形式分散吸收的能量并且能够和其他较不稳定的自由基反应而形成稳定的自由基，从而防止紫外辐射的有害作用。

**知识广播**

### 紫外线指数预报的标度和其相应的预防

| | |
|---|---|
| 3～4<br>低度危险 | 皮肤正常的人在正午前后的阳光下停留不到 20 分钟就有可能被灼伤，但如使用遮阳伞、帽子及太阳镜等则可以在阳光下停留较长时间。 |
| 5～6<br>中危险度 | 正午时分皮肤正常的人在阳光下停留不到 15 分钟就有被灼伤的危险，建议这时使用防晒指数即 SPF＞15 的产品，至少使用 SPF＝15 的遮阳伞并戴上帽子及太阳镜以保护眼睛。 |
| 7～9<br>高危险度 | 此时皮肤正常的人在阳光下停留不到 10 分钟就有可能被灼伤，这时除采用中度危险时的遮阳措施外，还应尽量缩短在室外停留的时间。 |
| 10 以上<br>极度危险 | 皮肤正常的人在阳光下停留不到 5 分钟就有被灼伤的危险，此时需使用 SPF 值为 20～30 的遮阳伞，同时佩带太阳镜及穿防护服。在这种情况下，上午 11 点半至下午 3 点半应避免日晒。 |

**拓展思考**

请同学们仔细阅读本节，或者上网查找资料，思考以下的问题：

1. 紫外线对人体有哪些危害，如何防护紫外线？
2. 查一查紫外线在生活中还有哪些应用。

电 与 磁 的 世 界

# 健康从生活做起
## ——电视辐射的危害与防护

我们知道了什么是电磁辐射，电磁辐射是不同频率的电磁波，当身体接受到过量的电磁辐射，那么它的来源就成了生活中的电磁辐射污染源。电视是我们日常生活中的一部分，很多人每天晚上看电视几个小时，那么电视的辐射是哪些电磁波呢？怎么产生的呢？电视的辐射危害有多大，我们要注意哪些问题才能避免对身体的伤害？下面让我们一起来阅读今天的内容吧。

◆电视机

## 电视机结构与辐射产生的原因

这里我们主要说的是那种传统的电视机，而不是现在常见的液晶电视机。电视机可以成像，里面的主要结构就是显像管。先简单介绍一下电视机里面的显像管的结构。显像管左边是阴极，在极高的电压下，阴极可以发射电子，我们把它叫做电子枪。电子向着显像管的荧光屏方向运动。在偏转线圈上我们加上不同大小的电压，对于电荷的吸引的力的大小不同，这样发射出来的电子偏转的方向就不同。电子就可以打到荧光屏上

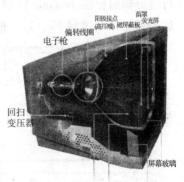

◆电视机结构图

电子枪　偏转线圈　阳极接点（高压嘴）　磁屏蔽板　荫罩　荧光屏

回扫变压器

支架　显像管　金属带　屏幕玻璃

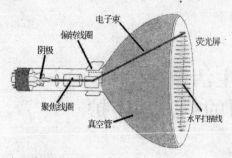

◆显像管结构图

电子束
偏转线圈
阴极
荧光屏
聚焦线圈
真空管
水平扫描线

了，电压的方向一直变化，那么电子束就会从电视机的荧光屏上逐行变化，一直到最后一行，扫描一遍。通常，电视机每秒要进行五十场的扫描，也就是说，扫描五十遍。速度非常快，我们就感受不到图像实际上是逐行变化的了。

在电视机结构图中大家能看到荧光屏前面还有一个荫罩的结构，为了使彩色显像效果好些，要求显像管的三注电子束在任何偏转情况下都能同时通过荫罩孔，才能达到与之对应的同一点荧光粉上。我们知道高速运动的电子撞击到金属靶物质时，就会产生 X 射线。显像管高压加速的少部分电子束部分会从荫罩的孔内穿过，大部分要被荫罩板吸收，这样就会产生 X 射线。

## 电视的电磁辐射强度

根据西安电子科大的实验结果，电视机各个面的辐射强度是不一样的，向任何一个方位所发射的电磁波强度在 2 米以内都远远超过了我国现行电磁辐射标准 1mGs，特别是电视机的后背所辐射的强度是最高的，最近的辐射强度达到 95mGs，前面辐射是最小的 15.3mGs。

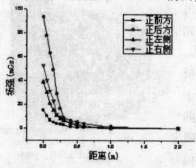

◆电视机各面低频 30Hz～300Hz 辐射强度随距离的变化

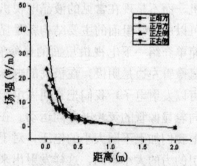

◆高频 1MHz～18GHz 辐射强度随距离的变化

电与磁的世界

从图中的数据中可以看出，低频部分 X 射线辐射，电视机的辐射主要是磁场，且后面辐射最大，前面最少。电视机前面的电磁辐射强度最大值为 15.3mGs，电视机后面的电磁辐射强度最高达到 110mGs，左侧的电磁辐射达到 42mGs，右侧的电磁辐射也达到 52mGs. 在高频部分 X 射线辐射是电场辐射占主要，且前面最大，两侧较少，后面最小．电视机前面的电磁辐射强度最大值为 53V/m，电视机后面的电磁辐射强度最高达到 35V/m，左侧的电磁辐射达到 27V/m，右侧的电磁辐射也达到 20V/m. 并且随着距离锐减。

所以人们在使用电视机时，离开它的距离必须在 2 米以外才能保证 X 射线辐射强度符合我现行电磁辐射标准。

 小贴士——彩电和计算机屏不同距离处 β 计数率测量结果表

| 测量 | 离视屏不同距离处的 β 计数率 | | | | | 相应的 β |
|------|--------|--------|--------|--------|--------|--------|
| 对象 | 0 厘米 | 5 厘米 | 15 厘米 | 30 厘米 | 50 厘米 | 本底计数率 |
| 电视机 | 198.522.7 | 160.440.0 | 130.317.1 | 98.013.6 | 82.213.2 | 78.114.4 |
| 计算机 | 214.727.3 | 164.524.1 | 122.111.2 | 93.312.3 | 81.410.9 | 83.09.0 |

电视机或电脑显示器的辐射不仅有 X 射线，电视机的视屏玻璃会产生 β 辐射。β 射线由于是电视机视屏表面的辐射，所以 β 射线与是否通电无关。若在电视机或者电脑显示器 0cm 处，辐射量最强。从表中可以看出，离开半米的距离，β 计数就与本底计数相当，就会比较安全。

## 电视机电磁辐射的防护

从电视机各面电磁辐射的测量结果来看，由于电视机后背和两侧的电磁辐射强度较强，所以电视机的摆放不要靠着床或者对着经常坐的位置，由于不管通电或不通电，电视机都有 β 辐射，所以电视机最好不要摆放在卧室内。电视机两米内 X 射线强度较大，注意电视机和沙发的距离要超过两米，建议范围在 3 米以上。

◆开窗眺望，保护眼睛

◆贝尔德

电与磁的世界

要经常除尘和通风，看电视的时候，要把灯打开，这样保护眼睛。保持一定距离后，电视机的电磁辐射量不会对人眼造成危害。由于视疲劳会造成近视，应注意用眼卫生，养成休息眼睛的好习惯。比方说，广告时间可以站到窗口，进行眺望。注意增加眼睛休息的次数。另外不要长时间地看电视，特别是少年儿童的眼睛还没有定形。在不使用电视的时候，切断电源。由于电磁辐射对人的危害尚无定论，所以饮食要注意多吃富含维生素的食物，加强身体的抵抗能力。孕妇可以选择防辐射的服装，来加强对自己的保护。

**动手做一做**

1. 请大家动手量一量自己平时观看电视的距离，最好能在 3 米以外，至少也得 2 米，对自己的辐射才会比较小。

2. 量一下家里的电视机到沙发的距离，开始搬沙发吧

3. 注意观看电视的时候，到了广告时间，去窗口眺望一下，保护自己的眼睛哦。

## 名人介绍——电视发明者德尔贝

约翰·罗杰·贝尔德（John Logie Baird，1888～1946）是工程师及发明家，是电动机械和电视系统的发明人。他的其他发明贡献包括发展光纤、无线电测向仪、红外线夜视镜及雷达。

◆摄于1925年，贝尔德和他的电视系统

贝尔德出生于苏格兰阿盖尔的海伦堡。他早期在海伦堡的拉知菲学校受教育。之后贝尔德先后于格拉斯哥和西苏格兰技术学院史特拉斯克莱德大学前身格拉斯哥大学学习。因为第一次世界大战，贝尔德并没完成他的学业。

1923年的一天，一个朋友告诉他："既然马可尼能够远距离发射和接收无线电波，那么发射图像也应该是可能的。"这使他受到很大启发。贝尔德决心要完成"用电传送图像"的任务。他将自己仅有的一点财产卖掉，收集了大量资料，并把所有时间都投入到研制电视机上，最后，完成了电视机的设计工作。1925年，贝尔德在伦敦百货公司首次作公众示范。1931年，他成功地进行了首次电视直播。贝尔德在1930年，提出了"彩色电视系统"构图，为此理想，百折不挠，顽强奋斗，终于在1941年12月的一天测试成功。

◆最早的电视机图像

电与磁的世界

拓展思考

请同学们仔细阅读本节，或者上网查找资料，思考以下的问题：

1. 请同学观察自己家的电视机，以及电视遥控器，或者看一下说明书中，它们的功率，以及信号发射功率是多大？

2. 电脑的功耗是多少？

3. 在生活中，周围都有什么防辐射的产品呢？

电与磁的世界

# 厨房的健康防护
## ——微波炉辐射的危害与防护

微波炉带给了人们很多的方便，它可以在几十秒到几分钟快速加热食物，在现代都市人高节奏的生活中，微波炉的地位越来越重要。那么，微波炉到底会对健康有没有影响，危害有多大呢？

让我们一起来阅读这一节的内容吧。

◆微波炉

## 微波炉的结构与辐射产生的原因

220 伏的交流电压通过高压变压器与整流器，转换成 4000 伏的直流电压。在磁控管内，阴极发射出电子，通过磁场的作用，在谐振器内作圆周运动，在这个过程中，电能就能转换成微波能。产生的微波的频率很高，它需要高电导率的波导管进行传输，传输到炉热腔内，在炉热腔内反复反射，可以引起食物内的极性分子，水、脂肪、蛋白质、糖类等极高速振动，可以使食物里外同时快速加热。

微波是电磁波中的一类，频率范围是 300MHz～300GHz 之间。微波

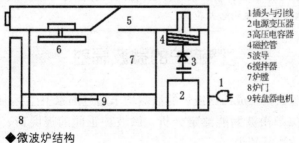

1插头与引线
2电源变压器
3高压电容器
4磁控管
5波导
6搅拌器
7炉膛
8炉门
9转盘器电机

◆微波炉结构

电与磁的世界

遇到金属会反射，遇到塑料、陶瓷、玻璃等可以穿透，遇到含水分的蛋白质、脂肪等介质可被吸收，并将微波的电磁能量变为热能。电磁炉所使用微波的范围很宽，但为了避免对移动通信造成干扰，用于微波加热的频段只有 915MHz 和 2450MHz 两个频段，通常家用微波炉使用 2450MHz 进行烹饪，915MHz 用于消毒器皿。

微波炉的主要辐射原因就是微波从接缝辐射出，即能量泄漏。微波炉外围的接缝，比如说，外壁与外壁直接的焊接处，按钮之间的接口处，可能会产生能量泄漏。微波产生的辐射主要是非电离辐射，即产生热效应。对于微波炉可以把食物加热，那么它对于人体的危害，也不可忽视。微波的非热效应是指除热效应以外的其他效应，如电效应、磁效应及化学效应等。在微波电磁场的作用下，生物体内的一些分子在能量的作用下将会产生振动，使细胞膜功能受到影响，使细胞膜内外液体的电状况发生变化，引起生理作用的改变，进而可影响中枢神经系统等。如果吸收过量并且强度过大的微波，则会干扰生物电如心电、脑电、肌电、神经传导电位、细胞活动膜电位等的节律，导致心脏活动、脑神经活动及内分泌活动等一系列障碍。

### 小博士

#### 为什么不能把金属器皿放入微波炉中？

一般使用陶瓷或者塑料容器加热食物。这是因为微波碰上金属制品将发生"短路"和反射现象。如果把食物盛在金属器皿内加热，因为微波遇到金属容器后立即全部反射回去，食物得不到热源加热。而且，因为高频微波全部反射回去，就会在微波炉中形成了电子技术上的"高频短路"，这会损害发射微波的电子管阳极，产生高温而被烧坏。如果用了金属制品，一般会在微波炉中看见电火花。

## 微波炉的微波辐射

根据实验数据，成品微波炉的泄漏均未超过国家卫生标准。经过对微波炉不同部位的微波漏能测定分析，微波炉正面的视屏窗、门缝泄漏较多，背面微波泄露较少。

## 小贴士——三间厂成品微波炉不同部位泄能测试结果

| 厂家 | 台数 | 测定点数 | 距离 | 功率密度 $\mu$W/cm$^2$ | | | | | | |
|---|---|---|---|---|---|---|---|---|---|---|
| | | | | 平均值 | 视屏窗 | 门缝 | 上下缝 | 左侧缝 | 右侧缝 | 背面 |
| 1 | 10 | 60 | 5 | 126 | 329 | 115 | 84 | 64 | 6 | 1 |
| 2 | 3 | 18 | 5 | 39 | 58 | 88 | 27 | 30 | 26 | 4 |
| 3 | 2 | 12 | 5 | 230 | 480 | 537 | 138 | 106 | 110 | 7 |

## 广角镜——单细胞动物在微波炉辐射下的生长

我们来一起看看另外一位科学家做的微波炉辐射的相关实验。

A图中的细胞是没有经过微波炉辐射的细胞经过三天的培养后，生长良好，细胞形状清晰可见，而且很少有死细胞。但是在距离微波炉10厘米处，经过45分钟的微波炉辐射后的细胞经过3天的培养后，已有明显的死细胞，且细胞数量比对照的数量明显增多，细胞形状变圆，边界模糊不清。距离微波炉10厘米处，经过1个小时辐射的细胞培养3天后，细胞的数量与45分钟的相比明显减少。观察距离微波炉20厘米微波处理45分钟的细胞生长情况，可以清晰地看出有大量漂浮的成团的死细胞。在距微波炉20厘米处被辐射了1个小时的细胞经过三天的培养后，则出现了大团大团的死细胞，几乎没有活细胞。从以上分析可以看出，辐射的时间越长，细胞死亡的数量越多。距离微波炉20厘米经过辐射后

◆单细胞动物在不同时间下的微波炉外辐射照射的生长情况——A对照；B10厘米45分钟；C10厘米1个小时；D20厘米45分钟；E20厘米1个小时

的细胞死亡现象比距离微波炉 10 厘米处的更明显，说明 20 厘米处的电磁波比 10 厘米处的电磁波强，对单细胞的危害大。

所以，即使符合国家标准，电磁波对于人类的危害到底怎样，会不会累积这种生物磁的热效应，还尚无定论。

## 微波炉电磁辐射的防护

◆微波炉要摆放在人不长时间待的地方

所以，同样要注意微波炉的位置摆放，尽量要把微波炉放到厨房等不常去的地方。

我们使用微波炉的时候，把食物放进微波炉，人离开厨房，可以有效地减少人被电磁波照射的时间。现在对于微波对于人体的危害没有定论，不过，还是尽可能作好防护为好。

拓展思考

请同学们仔细阅读本节，或者上网查找资料，思考以下的问题：

1. 微波炉的电磁波的频率范围是多大？

2. 在日常生活中，我们要注意哪些问题来保护自己，防止接受过量的电磁辐射呢？

电 与 磁 的 世 界

# 手机的使用防护
## ——通信设备的辐射危害与防护

在许多视频网站上，看到有些人用手机来加热鸡蛋，可用微波炉爆开爆米花。我亲自用了几个手机，做了相同的实验，发现根本不能成功。不过，过量的电磁辐射还是会对身体造成危害的，那么同学们一定想知道在一般情况下，这些公共设施，它们的辐射量到底有多大，离它们多远才对身体没有影响。那么让我们一起看看科学家们在实验室里面得出的数据吧。

◆移动通信设备

## 移动通信基站的辐射

现在移动通信的 2G 网络主要使用的移动通信基站是宏蜂窝基站，微蜂窝基站，微微基站三个类别。宏蜂窝基站的覆盖范围在 2～20 千米左右，是最常用的室外覆盖方式。微蜂窝基站发射的功率大概在 45dBm，覆盖半径为 0.4～4 千米，微蜂窝基站是对宏蜂窝基站的补充，功率小些，体积也小，所以安装更灵活。微微基站的发射功率约为 30dBm 或者更小，主要用于室内覆盖系统。一般用在校园、写字楼、商业区等小范围的覆盖，可以解决一些室内覆盖的死角问题。

当信号传来，导线上有交变电流流动，这两根导线有一定的角度，部分电磁场就

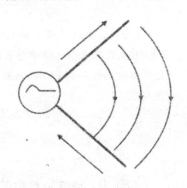

◆天线传播信号

電与磁的世界

会散开到周围空间。如果导线的长度很长，与波长相当时，导线就会形成较强的电磁波。不同长度不同形状的天线导电能力不同。当天线接收到电磁波时，导体中有大量的自由电荷，这些电荷就会在电场的作用下定向移动，电场强弱不同，电流大小不同，这样就形成了电流信号，从天线中传入电路。

中国内地的移动通信制式主要有 GSM 和 CDMA 两种。我国的 GSM 使用两个频段，900MHz 和 1800MHz。手机给移动基站发送信号的频率范围是 885～915MHz，1710～1755MHz，相应的基站发给手机的信号频率范围是 930～960MHz，1805～1850MHz。

## 万 花 筒

### 移动基站为什么叫蜂窝基站？

由于六边形的小区覆盖面积最大，对于不同的基站的范围，重复的面积最小，所以采用蜂窝网络，容易满足覆盖、频率复用的要求。其中 ABCD 等代表不同频率的基站，相邻不能重复。

## 知 识 窗

### 什么是 GSM？

GSM 是欧洲"移动特别小组"的简称。1982 年，欧洲邮电行政大会 CEPT 在欧洲电信标准学会 ETSI 技术委员会下成立一个"协会"，负责制定有关欧洲统一的 900MHz 移动电话标准，GSM 就成了数字移动通信系统的代称。

# 手机的辐射

一般认为，微波辐射功率密度不超过 $10\text{mW/cm}^2$，主要产生热效应，就像人们晒太阳之后有暖暖的感觉，不过紫外线对人体也会有一定的伤

电与磁的世界

害。手机微波辐射的功率密度远低于此，因而对人体的作用主要是热效应。目前热效应对人体是否存在不良作用还不确定，长期使用手机是否会导致头痛、头晕、乏力、记忆力衰退尚不能定论。

◆手机

## 移动基站及手机辐射的强度

欧洲规定允许手机辐射最大值 2.0 瓦每千克，指的是计时 6 分钟，每千克人体组织吸收的电磁辐射功功率不得超过 2 瓦，美国则将 1.0 瓦每千克定为安全标准。目前我国尚未出台设计辐射标准，但参与制订我国手机辐射标准的有关部门在关键部分——辐射标准峰值上存在较大分歧：信息产业部、广电总局和国家电力公司支持采用 2.0 瓦每千克的标准，国家环保总局和卫生部则提出标准应为 1.0 瓦每千克。根据广东省江门市信息产业局发布的《公众移动通信基站 2008 年第一季度检测通报》显示，现在我国的基站，只要离开天线几米远，基站天线的电磁辐射水平为国家的国标限值的 10％甚至更低。

### 轶闻趣事——手机煮鸡蛋？

2006 年，俄罗斯的一个网站上发布了手机煮鸡蛋的实验，声称通话 25 分钟以后，手机中的鸡蛋壳开始发烫，到 40 分钟后，鸡蛋表面脆硬，到 65 分钟，实验人员发现鸡蛋完全熟透。没过多久，消息传到我国。后来经过很多网友试用，发现手机煮熟鸡蛋只能当做一个笑话来看。手机的功率一般不超过 5mW，$1mW = 10^{-3}$

◆俄罗斯网站的手机煮鸡蛋

电与磁的世界

W，而微波炉的功率在 800～1000W 左右，怎么能相提并论。

# 移动通信辐射的防护

使用耳机，让手机远离身体，可以减少手机辐射。注意尽量减少通话时间，手机尽量不要挂在胸前，腰间，或者置于床头。青少年还在生长发育期间，尽量少用手机。当手机信号弱的时候，尽量少接听电话。妇女怀孕时，避免使用手机。尽量选择品牌手机，毕竟国家还没有对手机辐射的标准出台相应的规定，大的品牌，基本上遵照美国或者欧洲的现行标准，而一些山寨机技术含量较低，由于没有国家的检测，较多不能达到标准。

◆使用手机耳机，减少身体接受到的辐射

电
与
磁
的
世
界

拓展思考

请同学们仔细阅读本节，或者上网查找资料，思考以下的问题：
1. 自己家的小区有没有移动基站呢？是属于哪一种基站？
2. 自己选购的手机，功率和辐射大小是多少呢？

# 这不是耸人听闻
## ——过量辐射的危害

美国保健物理部部长摩根曾经说过:"无需害怕辐射,然而必须小心。"认识了辐射以后,并注意保护好自己,那么就没有什么好担心的了。辐射的生物效应确实是肯定的,但也不能说普通的人们就完全和辐射绝缘了。因为毕竟很多还是未知的领域,连专家都说不清楚,让我们一起来看看真实的发生在过去的辐射事件吧。

◆原子弹在日本爆炸

电与磁的世界

## 痛苦的辐射历史

我们现在的安全,对于辐射危害,是在痛苦下得出教训的。目前人类有关辐射对于人体效应的知识都是来自于早期辐射研究的科学家自身经历,还有接受放射性治疗的患者,核武器爆炸,比如说日本广岛的居民,以及因为职业性造成辐射受害人员。前面已经给大家简单介绍过辐射的类型,一般我们都按照辐射对于生物体的影响来进行分类,如果穿透生物的组织时会产生物理和化学的损伤,那么这种辐射叫做电离辐射。一般能产生电离辐射的高速带电粒子有 α 粒子、β 粒子、质子,不带电粒子有中子以及 X 射线、γ 射线。常用的家用电器,比如手机、微波炉等产生的都是非电离辐射。到医院,所使用的胸透则是 X 射线,是电离辐射。另一种分类方法可分为躯体效应和遗传效应。躯体效应只会发生在接受辐射的本人身上。而遗传效应是由于性腺遭到辐射之后，基因突变或染色体异常，有可能会传给下一代。

## 小提示——B超与彩超

　　B超所使用的是超声波，每秒振动2万～10亿次，是人耳听不到的声波。利用超声波的物理特性进行诊断和治疗的一门影像学科，称为超声医学。而彩超其实是B超的升级版，加了多普勒效应在里面，其实差不多还是一回事。所以，这里讲述的电磁辐射，和它们没有任何关系。

## 知 识 窗

### 辐射照射的类型

　　外照射、内照射、皮肤照射等。外照射辐射源在体外产生的照射，内照射是放射性核素摄入体内所产生的照射。前者主要有X射线、γ射线和中子辐射，有时β射线也能引起外照射，后者主要是α射线和β射线。进入体内的放射性核素是通过消化道、呼吸器官或皮肤摄取的。

## 点击——X射线对人体的危害

◆产生X射线的装置

　　伦琴刚发现X射线以后，没多久，研究X射线的科学家就发现自己的身体感到了不适。当时，做透视实验的美国人埃迪生就因为X射线照射，手指不适，后来被迫切除了手指。美国人的丹尼尔发现X射线对于毛发有脱发作用。很多得了癌症或者其他接受放射性治疗的患者，他们的头发都脱落了。又过了一年，有人发现了X射线会

电与磁的世界

引起慢性溃疡，严重时会致癌。这是，科学家们才开始注意进行 X 射线防护。不过，已经有很多研究人员的手指遭受了严重的损害，甚至有生命危险。1903年，阿尔贝斯·斯可贝格发现，被 X 射线照射过的豚鼠和兔子得了无精子症，之后与正常的雌性交配后，出现了不育的现象。当时，X 射线还没有量的概念，防护措施还不完善。

## 点击——核辐射对人体的危害

核辐射的急性辐射综合征一般发生于高剂量全身照射后，例如核电站泄露、原子弹爆炸等等。这些辐射产生的生物效应主要是以下三方面：骨髓综合征、胃肠综合征和中枢神经系统综合征。骨髓综合征出现时，最低的辐射量大约 100 拉德，1 拉德指每千克生物组织收 0.01 焦耳能量。致死的量约为 200 拉德。一般会造成骨髓和淋巴干细胞的不可恢复的损伤，并且发生白细胞缺失和免疫功能的改变。如果照射足够严重，一般在照射后的第 3 星期到 2 个月就会出现死亡。而胃肠综合征主要是出现于照射剂量大约为 500 拉德的人群，致死剂量为 1000 拉德。它一般会出现胃肠症状和肠粘膜衰竭的现象。如果照射足够严重，将在 2 周内死亡。中枢神经系统综合征有脑炎、脑膜炎和 CNS 水肿，一般辐射的剂量得达到 2000 拉德。如果照射量达到 5000 拉德，一般会在两天内死亡。

◆切尔诺贝利核泄漏

◆切尔诺贝利发生核泄漏的四号机组

电与磁的世界

# 紫外线辐射小知识

◆海边的紫外线比较强烈，要注意防护措施

紫外线的波长约为 280～400 纳米。紫外线实际上部分属于电离辐射。我们到沿海地区，或者高原等日照强烈的地方，会发现皮肤被晒蜕皮、晒红等现象。与 X 射线，γ 射线类似，紫外线会产生过氧化物自由基，增加染色体的损害，让体内的酶失去活性，或者膜损伤等等。紫外线被生物性的化合物吸收以后，产生了短寿命的中间体，如自由基和离子，它们会通过能量转移而改变核酸或其他生物分子结构。紫外线对细菌致死的实验中，主要原因就是细胞内的 DNA 改变。这些效应使得可溶性酶或膜结合酶失活。

类胡萝卜素通过灭活单线氧和氧自由基的作用，故它可以防止紫外线照射的有害反应的发生，所以同学们在夏天紫外线强烈的时候，可以多食用胡萝卜。

# 非电离辐射对人体的影响

非电离辐射在我们的生活中很常见，微波炉、手机、通信设备、电视、雷达发射机和广播信号等等，它们都会产生非电离辐射。低于红外线频率的电磁波不能发生电离辐射，即引起电子的激发，但是对于共振吸收是足够的，比如微波炉加热食物，就是使物体产生热效应。因此，非电离辐射的能量转移都是通过单纯热能量的转化而完成的。这种照射在组织中能量吸收方式的差别导致组织损伤在类型上和程度上具有本质上的差别。非电离辐射对健康的影响根本比不上 X 射线、γ 射线以及核辐射造成的影响，但是现在医学上还没有具体得出结论，即热能对身体的有害情况不清楚，不知道是不是可逆的反应。有的科学家认为，这种热梯度会引起膜类

脂的相变，从而会引起组织改变，但依旧没有具体的事实依据。防护主要围绕在屏蔽和减少辐射剂量方面。

拓展思考

请同学们仔细阅读本节，或者上网查找资料，思考以下的问题：

1. 什么是辐射，它对人体有哪些危害？
2. 查一查家中电器的具体辐射指数

电与磁的世界

# 电磁辐射保护神
## ——建筑吸波材料

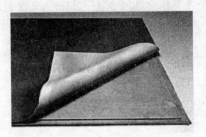

◆单波吸收材料

电与磁的世界

关于吸波材料的研究已经有50多年的历史了，美国等发达国家在二战时期就已经开始了这方面的研究。最初吸波材料只是用作军事隐身，但是随着近代科学技术的飞速发展，电磁波的应用极为广泛，它在改善人类生活的同时，其产生的电磁辐射对人类身体健康损害也伴随而来。研究表明电磁辐射对人体的中枢神经系统、血液及心血管系统、生殖系统及免疫系统可能会有不同程度轻微的损害。所以吸波材料在电视广播、电子器件及微波辐射防护等民用方面的研究也日益受到重视。

## 吸波材料是什么？

◆橡胶制吸波材料

电磁吸波材料能够通过材料的损耗，把电磁能量转换成热能等其他形式的能量，也就是可以吸收投射到它表面的电磁波能量，而不是反射出去。可以吸收电磁波的材料一般必须有两个特点，电磁波可以充分进入材料内部，而且进入材料内部的电磁波能够被迅速地衰减掉。

研究吸波材料的50多年来，早期的吸波材料按微波衰减损耗机理可分为电阻型、电介质型和磁介质型。而现代的吸波材料则可分为纳米材料、多晶铁纤维、手性材料、导电高聚物吸波材料、等离子体吸波材料和可见光、红外及雷达兼容吸波材料等，尤其是纳米科技的兴起和发展，为吸波材料的研究和发展提供了新的路径和方向。

 **小知识——各种类型的吸波材料**

　　理想的吸收材料应具有吸收强、频带宽、重量轻和厚度薄的特点。特种碳纤维或碳化硅纤维、导电高聚物、石墨等属于电阻型吸波材料，具有较高的电阻，电磁能主要衰减在材料电阻上，以热能形式散发掉。

　　电介质型吸波材料主要是钛酸钡之类。电介质型吸波材料的机理是依靠介质的电子极化、离子极化、分子极化等驰豫、衰减电磁波。此外，钛酸钡是一种特殊的电介质，其极化强度与电场之间存在电滞效应，被称为铁电体，铁电体可以利用的吸收机制主要是漏电损耗和驰豫损耗。

　　铁氧体、超金属微粉、羰基铁等属于磁介质型吸波材料，具有较高的磁损耗正切角，依靠磁滞损耗、自然共振、涡流损耗及畴壁共振和后效损耗等磁极化机制衰减、吸收电磁波。

　　纳米材料是指材料的组份特征在纳米量级（≤100纳米）的材料，其粒径介于微观和宏观之间。由于纳米材料的尺寸与光波波长、德布罗意波长以及超导态的相干长度或透射深度等物理特性尺寸相当或更小时，周期性的边界条件将被破

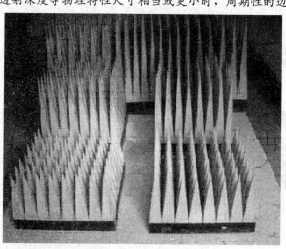

◆磁介质型吸收材料

坏，使声、光、电磁、热力学特征等呈现新的变化。比如说，金子细分为纳米微粒后则呈黑色，成为对可见光几乎全吸收的黑体。所以纳米材料既有极好的吸波特性，同时具备宽频带、兼容性好、质量轻、厚度薄等特点，是最具有发展前景的吸波材料。

◆复合型吸波材料

## 吸波材料的主要用途

电
与
磁
的
世
界

电磁防护材料在信息通信及网络技术高度发达的今天，家用电器、通信设备以及手机等释放的电磁波，虽然没有具体的研究数据，但是这些都可能使人产生疾病，或者进入亚健康状态。为了使人避免电磁辐射的伤害，就要求作为人体安全防护的材料不仅仅是具有电磁屏蔽的功能，还要能更好地吸收电磁波，从而更有效地达到防护功能。可以把吸波材料用在电视、计算机、服装等上面，以减少电磁辐射对人体的伤害。

建筑吸波材料把具有吸波功能的混凝土材料用于建筑行业，以减少高大建筑物的电波反射作用，以避免干扰广

◆防辐射眼镜

播、电视信号，从而提高广播、电视播放质量。由于电磁屏蔽会带来电磁波高反射所造成的弊端，因此对某些屏蔽材料的性能要求也由过去的高反射调整为高吸收低反射，并使用具有吸收电磁波功能的建筑材料来衰减室内外的电磁波强度，以防电磁干扰和有利于居民的健康安全。

由于各种电子器件和电子组件之间的相互辐射造成的元器件性能的紊乱，微波暗室对设备使用中需要消除环境干扰的电子组件提供了一个相对"安全"的电磁环境。微波暗室材料把碳系导电材料或铁氧体材料制成棱锥形，可用于建筑无反射的微波暗室，来替代开阔场地以进行电磁干扰性能的测试。微波暗室为电磁仿真试验

◆医院感应式防辐射门

和电磁兼容试验提供了一个无外界干扰、无向外辐射、无反射回波的电磁波自由传播空间，不仅能替代外场的大量试验内容，而且更大程度地完善和弥补了外场实验的不足。

电与磁的世界

◆某航天所微波屏蔽暗室

拓展思考

请同学们仔细阅读本节，或者上网查找资料，思考以下的问题：

1. 什么是吸波材料？

2. 吸波材料都有哪些分类呢？

3. 吸波材料在建筑中有什么应用？

电与磁的世界

# 防辐射的产品选购与使用
## ——生活健康小常识

现在市场有着形形色色的防辐射产品，防辐射贴、防辐射服、防辐射面罩、手套等等，应有尽有。特别是孕婴店，准妈妈们的防辐射服一直是热销产品。那些防辐射产品真的有效吗？科技含量怎么样？防辐射产品的原理又是什么？让我们一起了解这些内容。

◆防辐射服装

## 防辐射产品真的有效吗？

我们先从防辐射的原理说起吧。在科学上有一词，叫做静电屏蔽，很多同学肯定看见过一个有趣的实验，一些人站在一个巨大的鸟笼里，科学家们往这个鸟笼上加上万伏的电压，那是一个多大的电磁场啊，可是站在鸟笼里的人安然无恙，这是为什么呢？我们先看一看右图中的这个实验吧。平时大家总说电很危险，为什么人会一点事都没有呢？

◆高压电打在笼子上

电
与
磁
的
世
界

◆直径 18 英寸的高压发生器

◆澳大利亚的 Peter 制成的高压电弧

**讲解——什么是静电屏蔽?**

**正电荷的电场线**

**在电场的作用下,
负电荷往左移动**

◆静电感应现象

在前面我们已经了解了,电场会对其中的电荷产生力的作用。图中,把一个长方体的导体放在电场强度为 $E_+$ 的由一些正电荷产生的静电场中,长方体导体内的自由电子在电场力的作用下,沿着电场的反方向,向左运动,在导体右端,由于原子失去电子,所以带正电。负电荷分布在一边,正电荷分布在另一边,这就是静电感应现象。这些负电荷又会形成新的电场,而且方向恰好与圆柱体导体上正电荷产生的电场相反,并且如果电场 $E_+$ 越大,会有越多的负电荷被吸引过来,负电荷产生的电场 $E_-$ 就越大,两者相互抵消,在长方体导体内部,电场强度就为 0 了。

物理学中将导体中没有电荷移动的状态叫做静电平衡。处于静电平衡状态的导体,内部电场强度处处为零。由此可知,处于静电平衡状态的导体,电荷只分布在导体的外表面上。如果把刚才的长方体导体做成笼子状,笼子上也会产生反方向移动的电荷,电荷的电场与原电场抵消,笼子内就是安全的了。

### 知识窗

**静电屏蔽**

　　如果这个导体是中空的，当它达到静电平衡时，内部也将没有电场。这样，导体的外壳就会对它的内部起到"保护"作用，使它的内部不受外部电场的影响，这种现象称为静电屏蔽。

# 常见的防辐射产品

　　防辐射服主要也是根据静电屏蔽的原理来制成的。防辐射服把柔软的金属丝加织在衣服中，就像一个柔软的金属笼，当有电磁波袭来时，瞬间金属笼的自由电子移动，产生相应的反方向电磁场，与原来的电磁场相互抵消，达到保护的目的。防辐射服，不管它的广告宣传有多么离谱，基本上它里面的金属丝都是采用不锈钢的，这样在洗的时候，不会生锈。现在的防辐射服装，样式从肚兜到外套，价格从百元到千元不等。其实在选购的时候，选择柔软舒适的即可，不必追求其中的广告噱头。曾经见到一个价格昂贵广告打着纳米防辐射服的口号宣传得很夸张，几乎什么功能都有，声称里面的纳米银，可以怎样怎样，实际上，这种纳米防辐射服，和其他也没有什么不同，只不过，改用金属银以后，皮肤不容易过敏，并且较为柔软，穿着舒服而已。

◆各式各样的防辐射服装

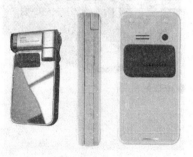

◆手机上的防辐射贴

　　推荐指数：★★★★☆　　购买人群：孕妇

　　防辐射贴的原理依旧是电磁屏蔽。一般它采用金属材料制成，薄薄的

电与磁的世界

◆屏幕防辐射贴

电与磁的世界

◆防辐射机箱

一片，贴在手机单面。不过，对于手机使用来说，没有必要。毕竟不能把手机的信号完全屏蔽，否则手机就打不通电话了，而且在使用的时候，如果遮挡了部分信号，手机和基站会自动调节，加大辐射的功率，来保证正常通话的需要。

推荐指数：★☆☆☆☆　　购买人群：不推荐购买

电脑屏幕防辐射贴，一般上面有金属镀层，不过，看上去与透明的塑料无异。市场上的产品良莠不齐，所以大家注意，一定要去正规的店面或者厂家购买。还有价格明显低于市场价的，应该也只是普通的屏保而已了。

推荐指数：★★★☆☆　　购买人群：都适用

电脑防辐射机箱的原理依旧是那个鸟笼，只不过，我们不用做成笼子状，是一个封闭的外壳就可以了。在选购防辐射机箱的时候，要注意防辐射机箱的做工，还有尽量选择较大的厂家，质量才会有所保证，注意机箱是否通过了国家标准。

推荐指数：★★★★★　　购买人群：都适用

拓展思考

请同学们仔细阅读本节，或者上网查找资料，思考以下的问题：

1. 防辐射产品的原理是什么？

2. 留心自己周边所销售的防辐射产品，看看哪些广告有虚假的成分？

电与磁的世界

# 电磁能治病

## ——生活中无奇不有

　　不要以为医学就是简简单单的吃药打针，如果这样想，你就落伍了。实际上，在古代电磁就在医学中有了一定的应用。那个时候，人们利用"磁石"来治疗各种疾病，中药中的很多药方都有它。后来，人们就开始使用经络磁疗了，把磁石固定在穴位的地方，一样可以达到治病的目的。古代的希腊和罗马，人们就开始捕捉一些会放电的小鱼来电击，治疗中风等疾病。

　　到了现代社会，医学更是离不开电磁了，通过 X 射线机，可以照射人体的骨骼，检查是否骨折等等。磁共振也是一个电磁学在医学上非常重要的应用，通过它可以知道，人体内脏各个器官的病变情况，知道肿瘤的大小与位置等等。

　　让我们来一起阅读这一篇的内容吧。

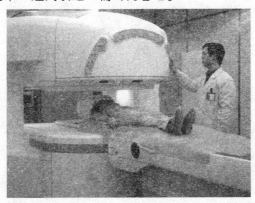

◆磁共振仪器

# 古代人民的智慧
## ——中医也要用电磁

中医一直充满着神秘的色彩，里面有许多原理，目前还未能解释清楚。磁疗也是如此，我们祖先早在几千年前就发现了磁，开始了磁的应用。根据《史记》记载，在西汉初期，便有用"自炼五石"治病，其中就有"慈石"之说，也就是现在的磁铁。在1921年，我国出版的《中国医学大辞典》中记载了磁石作为重要的原料的几种药，磁石丸、磁石散、磁石大味丸等等。

◆磁石散

中国的历史是精彩又丰富的，我们一起来阅读关于古代的磁医学吧。

## 磁的医学——"慈石"成药

在古代，我国的《神农本草经》，南北朝医学家陶弘景的《名医别录》，之后李时珍的《本草纲目》等等都提到了磁石。1935年，我国出版了《中国医学大辞典》，其中评论了磁石的种类、用法、主治的疾病，还包括磁石相关药剂的制作方法。以磁石为主要成分的几种中药成药，比如磁石紫雪、磁石朱肾羹、磁朱丸，在我国1963年出版的《中华人民共和国药典》上也

◆磁石

有着详细的记载。

　　我国古代在疾病的治疗中，磁石应用非常广泛，比如小儿疾病中，小儿惊痫；眼科疾病中，用磁石、朱砂和六曲可治疗眼疾，令其"百岁可读论书"，也就是人活到一百岁还能读论语。在内科，风湿关节痛；外科疾病有痈肿、颈核、痔疮、脱肛等。在《本草纲目》中记载："风虚冷痹，肾虚耳聋。取磁石五两，经火煅、醋淬各五次，加白石英五两，装入绢袋，浸一升酒中，过五、六天后，分次温取。酒尽，可再添酒。"在妇科疾病中，可以治疗附件炎；在精神疾病中，磁石可以治疗失眠，烦躁不安等。《本草纲目》曰："有恐则气下，精志失守而畏，如人将捕者，宜磁石、沉香之类以安其肾。"

　　制成品的类型是多种多样的。有颗粒状的丸、粉末状的散，可以煮成汤或者泡酒。还有做成膏药来外敷，以及用磁石来做外科器械。

**链　接**

### 《神农百草经》磁石的介绍

　　味辛寒。主周痹，风湿，肢节中痛，不可持物，洗洗酸消，味辛则散风，石性燥则除湿，其治酸痛等疾者，以其能坚筋骨中之正气，则邪气自不能侵也。除大热，寒除热。烦满，重降逆。及耳聋。肾火炎上则耳聋，此能降火归肾。凡五行之中，各有五行，所谓物物一太极也。如金一行也，银色白属肺，金色赤属心，铜色黄属脾，铅色青属肝，铁色黑属肾。石也者，金土之杂气，而得金之体为多。磁石能收敛正气，以拒邪气。知此理，则凡药皆可类推矣。

**小书屋**

### 古书中磁石的别名

　　玄石、磁君、处石、延年沙、续未石、拾针、绿秋、伏石母、玄武石、帝流浆、席流浆、瓷石、熁铁石、元武石、吸铁石、吸针石、慈石、灵磁石、活磁石、雄磁石、摄石、铁石、戏铁石。

# 磁的医学——"经络磁疗"

我国的针灸起源于原始社会，也就是石器时代。还在公元前 100 年的时候，史记中《扁鹊仓公列传》就提到经络。最早的针法使用的工具是砭石。到了战国时期，人们学会锻造金属，金属针才开始代替砭石进行针灸，之后是针灸的迅猛发展。医生把磁石治病与经络穴位结合来治病，和现在的许多磁疗方法类似，把磁石放到相应的穴位上。《黄帝内经》是当时针灸学的基础与起源。到了公元 259 年，《针灸甲乙经》则更是集针灸学之大成，描绘了 649 个穴位，使经络学说成了一个完整的体系。针灸某一穴位时，往往会有相应的部分起反应，可以减轻相应的症状

◆针灸

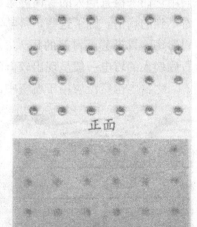

正面

背面

◆磁珠耳贴

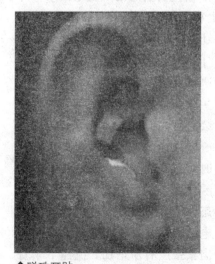

◆磁珠耳贴

电与磁的世界

或病痛。穴位磁片贴敷也有这样的作用。医学院的教授们发现磁场与针刺治疗效果相同，在对比中甚至有的病例磁场止痛效果更好还持久。

由于操作简便，效果好，所以穴位敷贴是最常用的一种疗法。就是用胶布或者其他方法，将磁片固定在治疗部位，并且敷贴一块或多块磁片。常常将磁片直接贴在皮肤上，这样磁场强度大，效果比较好。

穴位敷贴磁珠的好处有很多，主要对镇痛、消肿消炎、疗效显著。对止泻、降压、镇静安眠、止痒、止咳均有一定的疗效。对于病人治疗，相对于针灸或者打针来说，没有任何的痛苦，特别适合于害怕疼痛的儿童。磁疗可以同时治疗几种病，比如，病人同时患有关节炎、高血压、胃炎、失眠，可以把磁片贴到足三里这个穴位上，对于这几种病都有一定的疗效。几乎没有副作用，极个别的病人，会出现头昏、乏力、病痛加重等反应，停止磁穴治疗就可以了。

## "电"的医学

在现代医学当中，心电图、脑电波已经广泛地应用于诊断当中，医生们用它们来检查病人的身体健康状况，因为这些能够准确地反映在人体外看不到的病情。除了这些，科学家们还开始研究胃肠道的生物电活动，即胃溃疡、胃炎甚至胃癌的病人，胃部的生物电情况。科学家们研究发现，胃癌病人的胃电一般呈现出较低的电压，还有不规则的脉冲波。

生物电也广泛应用于航空中的研究，了解飞行者的精神状态，以及健康程度。因为这是一个涉及多人生命安全的行业，一旦出错，就会有巨大的损失。科学家们利用心电扫描仪，记录人在高空飞行时，心率的变化，记录脑电的觉醒程度，或者记录肌电的活动状态。很容易发现腹部、下肢的肌电活动增强，说明这些部位的肌肉紧张度有所增加，流经下半身的血量相应减小。

◆飞行员

电与磁的世界

在实验的条件下，通过刺激可以把胃电激发出来。很多国家也把生物电的诊断技术应用于妇产科，通过测量仪器，可以研究母体内的胎儿的电波，研究胎儿是否健康正常。而且在中医的经络学说中，发现穴位的地方与皮肤的高电位点总是相吻合的，这究竟代表了什么，还是未解之谜，等待同学们来探索发现。

拓展思考

请同学们仔细阅读本节，或者上网查找资料，思考以下的问题：

1. 查一查电磁在医疗中有哪些应用。

2. 了解一下什么是经脉磁疗？

电与磁的世界

# 心脏健康晴雨表
## ——心电图

◆心电图机

我们看电影的时候，总会看到这样的镜头，心电图的波动一直跳着跳着，然后突然停止，一位美丽的主角就离开人世。心电图在医院已经是非常成熟的技术，医生们可以使用它来检测病人是否心律失常、心室心房肥大、心肌梗死、心肌缺血等病症。我们已经了解了很多有关电和磁的知识，那么生物体内怎么也会有电呢？这些电的大小又有什么意义？如何用这些电来表示人的健康状况？

## 心电图是什么？

生物体内充满了电荷，而这些电荷基本的形式就是离子、离子基团和电偶极子。身体内的生命物质——蛋白质，其中13种氨基酸都可以在水中离解成离子基团，表现出电偶极子的特性。还存在着许多钠离子、钾离子、钙离子、铁离子、镁离子、氯离子这些无机离子。心脏浸在体液当中，而在体液中含有各种电解质，这种电解液和细胞液一样，都具有较强的导电性能。在一声声心跳中，窦房结发生的兴奋按一定途径传向心房心室。心脏产生兴奋的电位变

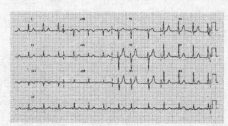

◆心电图

电与磁的世界

化，就可以通过体液反应到体表上。比如说，紧张的时候，心跳加快，身体表面的汗毛都立了起来。所以如果有电学仪器，通过电极连接，就可以把心脏活动产生的电变化测出来。通过仪器，我们就能看到心电图了。

心电图之父威廉·埃因托芬（Willem Einthoven，1860～1927 年），发现心电图是由五个波段组成的，分别叫做 P 波、Q 波、R 波、S 波、T波，这一名称就一直沿用下来。每次心脏兴奋产生的电变化，从窦房结开始，兴奋经心房传递给房室结，再传递给左、右心室。由于心脏各个部分心肌细胞产生的兴奋先后不同，所以它们的电变化同时反映出来，就有了先后五个不同的波。P 波，反映了心房兴奋，用时不超过 0.11 秒，Q 波反映了心室兴奋开始，P、Q 波相隔的时间，代表兴奋从心房传播到心室用的时间，一般 0.12 秒到 0.2 秒。Q、R、S 波组成的综合波，反映了心室由静息状态进入兴奋的过程。

### 知识窗

#### 心电图仪的连结

一般的心电图仪的连接有三条电路。标准导联把左臂连接到正极，右臂连接到负极。单极胸导联，把左右臂和左腿的 3 个电极连成中心电站，然后与心电图负极相连，心电图的正极连接到胸前。加压单极肢体导联：把胸导联的测量电极改放在肢体上。

### 知识广播

#### 心脏小常识

心脏是循环系统中一个重要的器官。人的心脏位于胸腔中部偏左，体积约相当于人的一个拳头大小，重量约 350 克。心脏内的空腔再分为心房与心室，心房接纳来自静脉的回心血，心室则将离心血打入动脉。哺乳类和鸟类有两心房与两心室；爬虫类也有两心房与两心室，但两心室之间未完全分隔；两栖类有两心房与一心室；鱼类则只有一心房与一心室。

电与磁的世界

# 心脏的细胞电位

心脏主要由心肌细胞组成。

心肌细胞根据其功能属性分为：工作心肌细胞和自律心肌细胞两类。工作心肌细胞的肌原纤维丰富，具有自主性、传导性和兴奋性，执行收缩功能。它们是心房和心室壁的主要构成部分。工作心肌细胞的静息电位和骨骼肌神经细胞的类似，不过它的动作电位却分为0、1、2、3、4共五期。

0期，又称为"去极化过程"。这是由于心室肌细胞在刺激下，少量电压门控式 $Na^+$ 通道开放，造成膜内电位上升，即去极化。当电位超过一"临界值"$-70$ mV 时，$Na^+$ 通道大量开放，导致急剧的去极化过程出现。直到 $Na^+$ 到达其平衡电位 $+30$ mV 为止。

1期，"快速复极初期"。这是膜内离子外流，主要是 $K^+$ 造成的。1期和0期形成所谓的尖峰期。

2期，"缓慢复极期"。这个时期又被称为"平台期"。过程缓慢。该时期，$Ca^{2+}$ 的内流和 $K^+$ 的外流使得膜电位稳定维持在 0mV 左右。$Ca^{2+}$ 的外流主要是通过慢钙离子通道实现的。此时的钾离子通道，整体来说，通透性不高。所以两种离子的对流过程均显得缓慢。

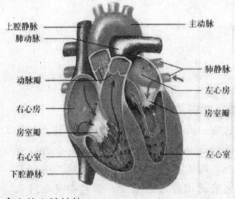

上腔静脉 —— 主动脉
肺动脉
动脉瓣 —— 肺静脉
—— 左心房
右心房 —— 房室瓣
房室瓣
右心室 —— 左心室
下腔静脉

◆人的心脏结构

3期，"快速复极末期"。此期钙离子通道关闭，钙离子内流停止。而钾离子通道的通透性增大，过程变快。膜内电位恢复到 $-90$mV。

4期，"恢复期"。细胞膜上的钠钾泵，钙泵和钠钙交换体活动，以恢复静息电位时的离子浓度。

## 名人介绍——心电图之父威廉·爱因托芬

威廉·爱因托芬是一位荷兰医生和生理学家。1903 年，他发明了第一个实用心电图，并获得 1924 年的诺贝尔医学奖。他在东印度出生，也就是现在的印度尼西亚。父亲是一名医生。在他很小的时候，他的父亲就去世了。他的母亲在 1870 年，带着他回到了荷兰，到乌得勒支定居。1885 年，威廉·爱因托芬获得乌得勒支大学医学学位，之后，在 1886 年他成为莱顿大学教授。在之前，大家都已经发现了心脏跳动的时候，会产生电流，但是在进行动物试验的时候，必须把微电极插入心脏的细胞中，才能测出电流的变化。威廉·爱因托芬开始了心电图的研究，制作了早期心电图记录仪。现在的心电图测量仪器已经不

◆爱因托芬

使用爱因托芬所发明的装置，但是人们仍然继续使用他所发明的心电图解读与分析方式。

拓展思考

请同学们仔细阅读本节，或者上网查找资料，思考以下的问题：
1. 心脏的结构是怎样的？心脏的细胞怎么产生静息电位？
2. 心脏细胞的动作电位分为几个期，离子浓度都有怎样的变化？

电与磁的世界

# 大脑里的电磁波
## ——脑电波

◆医生在分析脑电图

脑电图在医学上也有非常重要的作用。科幻片里经常看到，在人头上接上许多电线，就可以知道罪犯想的是什么。在生活中，没有那么夸张，不过还是可以通过大脑中的电信号，了解许多脑海里的东西。现在已经有了许多利用脑电波来测谎的仪器，通过这些，可以帮助警察们来破案。在医学上，一般对治疗脑肿瘤、脑震荡、脑出血等疾病有帮助。

脑电波是什么，让我们一起来阅读这节的内容吧。

## 脑电波

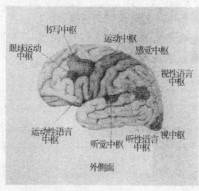

书写中枢
运动中枢
眼球运动中枢
感觉中枢
视性语言中枢
运动性语言中枢
听觉中枢
听性语言中枢
视中枢
外侧面

◆大脑外侧面结构图

人脑中共有 1 000 亿个神经细胞，其中大脑皮质有 140 亿个细胞。每个神经细胞平均有 10 000 个神经链接，这在大脑中形成了复杂庞大的神经细胞网络。神经细胞是神经系统结构和机能的基本单位，它具有接受刺激和传导神经冲动的作用。对于细胞来说，细胞膜内外有静息电位，当接受刺激时，会形成动作电位，具体的细节会在后面的生物

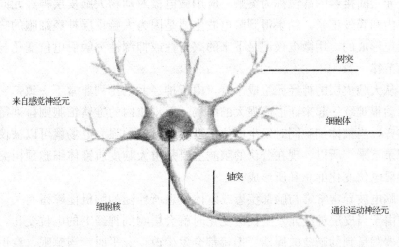

◆神经元

电磁部分讲解。动作电位一旦产生，便可沿着细胞膜传导。

　　神经冲动作为信号沿着神经元网络传导，主要是由化学递质来实现的，只有个别突触是依靠电传递的，即兴奋后，化学递质与突触的膜的结合，这样膜上的"小洞"变大，让 $Na^+$，$K^+$，$Cl^-$，$Ca^{2+}$ 的通透性变大，这样带电的离子一移动，在细胞膜内外就发生了电位的变化。在神经元与

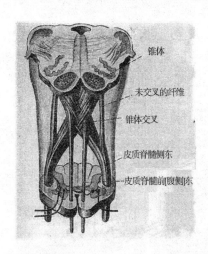

◆锥体细胞

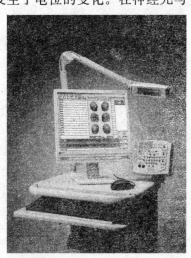

◆脑电图机

电与磁的世界

神经元之间接触的部位称为突触。应用微电极对动物大脑皮层神经元同时做膜内和膜外记录，结果得到脑电波主要是因为大脑皮层神经细胞的突触后电位形成的。用微电极记录下来的兴奋性或抑制性突触后电位变化与脑波的节律一致。

从大脑皮层的神经元组成来看，由于神经元的排列非常不一致，它的电活动很难统一起来而形成强大的电场。而皮质内的锥体细胞则排列得非常整齐，当锥体细胞同时发生电位活动后，形成的强大电场就可以被仪器给记录下来。所以，现在公认的脑波主要是由大脑皮质锥体细胞顶树突的突触后电位变化的总和所形成。

脑电波异常常常与脑部疾患或躯体疾患所伴随的脑机能障碍有关。主要是由于当皮层神经元发生代谢变化时就会影响到神经上的电位变化，从而仪器测量到的脑波的周期、振幅都会发生改变。平时，当睡眠、意识障碍或深度麻醉的时候，往往就会表现出慢波，就是由于皮质处于抑制状态，活动和代谢较慢。

关于脑电波形成的原理虽然已经有了较深入的研究，但是仍然未能完全阐明。

# 脑电图

把脑细胞群的自发性电位画在坐标的 y 轴上，时间作为 x 轴，这样记

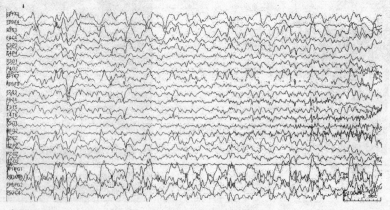

◆脑电图

录下来的脑的电位随着时间的关系的曲线称为脑电图。脑电图学上将单个的电位差叫做波，三个以上连续出现的大致相近似的波称为活动，若脑波的活动较为规整，那么可以把这些统一叫做节律。

由于脑电位的信号非常小，所以脑电图仪为放大百万倍的微伏级精密电子设备，当然对于使用环境及条件设置要求比较严格。一般情况下，脑电图室应选择在环境安静、有遮光设备的房间。由于在记录电信号时很容易受到外界的交流电磁干扰，因此检查室必须远离大功率电机设备，如X光机、外科电子设备和电疗器械等。甚至如果条件足够时，应把脑电图仪设置在电磁屏蔽室内，以便能够顺利地进行脑电图描记。

## 名人介绍——脑电图之父贝尔格

贝格尔（Hans Berger）是德国精神病学家。1873年5月21日出生于德国小北堡附近的巴伐利亚小镇。他是哲学家贝格尔（Paul Friedrich Berger）的儿子，1941年6月1日在耶拿去世。贝格尔能够成为一个科学家，因为他继承了他父母的机智、聪明。1892年，他进入柏林大学就读天文学，次年，他自愿去德国军队服兵役。他在军队发生了车祸，而他的姐姐远在故乡突然告诉父亲说贝格尔出了车祸，所以贝格尔的父亲发出紧急电报，看看他的儿子是否安然无恙。这似乎是，认为大脑和意识之间必然有联系贝尔格与姐姐的心灵感应的沟通，他开始相信他能找到这样一个精神力量的客观证据，认为大脑和意识之间必然有联系。

◆贝格尔

1919年，他成为了大学校长。1929年，贝格尔第一个设计成一套电极系统，置于头皮之上，可测出大脑的电信号，然后用示波器描记出节律性的电位变化，即脑电波。在这一实验研究中，贝格尔成为第一个记录人类的脑电图的人，他的儿子则成为他的"小白鼠"。贝格尔研究了这些脑电节律，并将最占优势的节律

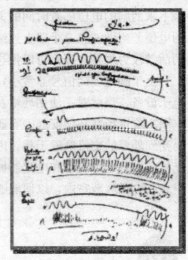

◆贝格尔

◆最早的脑电波记录

电
与
磁
的
世
界

名为"阿尔法波"α波和"贝塔波"β波。"脑电图"EEG技术便由此发现而问世了。脑电图描记已用于癫痫的诊断，随着对脑的认识的增长，也十分可能还可作为研究神经系统精细功能的一种指标。因此，他被称之为脑电图之父。

拓展思考

请同学们仔细阅读本节，或者上网查找资料，思考以下的问题：

1. 什么是脑电波？
2. 脑电图在医学上有什么作用？

# 古时之妙手回春
## ——磁疗

生活中有着各种各样的磁疗产品，充斥着我们的视野，磁疗的作用也是如同中医一样，充满了神秘的色彩。现在不仅仅是磁疗，还有作为内服或者外敷使用的磁性药物，通常称为"磁性水"。还可以利用各种各样的仪器来诊断疾病，比方说，脑磁图、心磁图、肺磁图、肌磁图等等；商家还有利用各种磁原理制成的磁医疗设备，或者说磁医疗器械，比如磁项链、磁护腕、磁鞋垫、磁水器等等。磁疗的基本理论到底是什么，健康人需要磁疗来保健吗？平时在家庭中可不可以用磁疗来自己治疗呢？

让我们一起来阅读这一节的内容吧。

电与磁的世界

◆磁疗仪

◆脑磁图机

# 人体内的"生物磁"

　　我们已经知道，生物在生命活动中，各种组织器官都会产生微弱的磁场，当然，就会具有一定的磁性。我们把生物磁性和生物磁场统称磁现象。科学家最早开始研究的是脑磁场。毕竟，脑袋不是医学上可以随随便便打开的，所以医生们想利用一种方法来探究脑袋里的病情到底是怎样，所以开始研究起来脑磁场。现在科学家们不仅测出了脑的磁场，并且研究出了视觉、听觉等诱发出的脑磁场是怎样的。科学家们认为，脑磁图有助于了解细胞群活动与皮层产生的特定功能之间的关系。

　　由于眼睛里的视网膜上也有电流，所以会产生视网膜磁场，并随着时间变化。一些眼部的病变可以通过磁场变化的情况反应出来。有的科学家已经用超导量子干涉式磁强计来研究眼磁场的情况，并且得出了眼球运动时产生的垂直面部分量的分布情况，并研究了光刺激的眼磁图。眼磁场非常的微弱，大概为 $10^{-9} \sim 10^{-8}$ Gs。

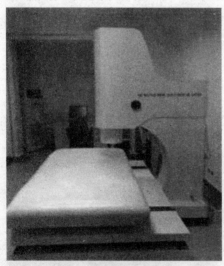

◆美国 CMI－9 通道低温超导心磁图检查仪

　　心磁图，由于心电图的研究比较早，所以对于心磁图也有比较充分的研究。心脏不停地收缩与舒张给全身提供血液。由于心肌细胞上面的动作电位，随之会产生心磁场。

　　在 1973 年，科恩提出了肺磁，用探测器在人胸或背部表面扫描，或按规定的网格分别定点测量磁化后的剩磁场，得到的肺各部位磁场分布即是肺磁图。很多国家也开始应用于临床，发展非常迅速。肺磁场不是由于体内生物电流而产生的，主要是由于环境恶化，人体从鼻孔呼吸进入的强磁性粉末造成。

电与磁的世界

# 常见的磁疗仪器

从古代起，开始使用内服天然磁石，到后来的外用磁石。现在人工的有各种磁疗器械，比较常见的是：医用的磁疗器、磁疗机、还有磁片等等。

医用的磁片多数使用铁氧体，化学分子式为 $Fe_3O_4$，或者是一些铁硼合金。大多为圆形或者球形，圆形的磁片最为常用，由于主要用于穴位治疗，一般直径在 3～15 毫米。磁疗机所使用的磁片要大一些，直径大概在 10 厘米左右。厚度多为 2～3 毫米。很多同学都用过磁疗来治疗近视，用胶布把小磁球粘在耳朵的穴位上。这些小磁球大概都是 2～3 毫米大。

在应用磁片的过程中，一定要根据医嘱，注意磁片的 S 极还是 N 极，因为 S 极和 N 极的作用不同，甚至会产生相反的作用。

磁疗机现在主要有两大类，通过各种磁片加上电动装置来制成的，或者由交流电制成。常见的有旋磁治疗机、交变磁疗机、脉冲磁疗机等等。这些磁疗机一般采用的都是变化的磁场，效果要比静磁场好。

磁电按摩器由电动按摩器和磁片构成，磁片一般都安装在按摩头上，这样当电动按摩器开始转动时，磁片随之震动，就由静磁场变为变化的磁场。一般可以治疗的疾病有神经衰弱、风湿性关节炎、消化不良、软组织扭挫伤等等。使用磁电按摩器可以直接作用于患处，或者根据医嘱通过穴位来治疗。

旋转磁疗器的磁场是由于磁片旋转而产生的，一般采用电动机来高速

电与磁的世界

◆磁片

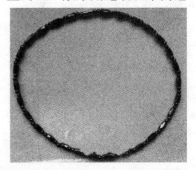
◆磁疗项链

◆磁疗足浴盆

◆磁电按摩椅

转动，一般可以治疗关节痛、神经痛、肌纤维组织炎、高血压、神经衰弱、胆囊炎等等。

## 神奇的磁化水

磁化水，又叫做磁处理水。磁化水是一种被磁场磁化了的水。让普通水以一定流速，沿着与磁感线垂直的方向，通过一定强度的磁场，普通水就会变成磁化水。不含铁质的纯净水无法被磁化。一般内服或者外用来达到治疗疾病、预防疾病的目的。磁处理水，一般会在物理特征上发生一些变化，会对人体有着不同的作用。

◆磁化水机

磁化水不仅可以杀死多种细菌和病毒，还能治疗多种疾病。它的治疗作用主要有几个方面，由于磁处理水可以使血液中的高密度脂蛋白含量升高，降低低密度脂蛋白和甘油三脂的含量，可降低水、白酒等液体的黏度，有利于血液流动。可以防止动脉内皮细胞损伤，抑制胆固醇的升高，防止脑血栓、心脉硬化等。并且发现，可使溶液的溶钙能力明显提高，有抑制结晶的能力，并能使已形成的结石发生疏松、

电
与
磁
的
世
界

碎裂等，所以可以预防和治疗胆结石、泌尿系统结石。许多科学家发现，长期饮用磁处理水，可以使脾脏、胸腺等内分泌器官重量增加，说明磁化水可以促进细胞新陈代谢，提高器官的功能，有抗病、抗衰老等功效。

◆磁化水杯

## 科技文件夹——磁化水在工业和农业上的神奇之处

在工业上，人们最初只是用磁场处理少量的锅炉用水，以减少水垢。现在磁化水已被广泛用于各种高温炉的冷却系统，对于提高冷却效率、延长炉子寿命起了很重要的作用。许多化工厂用磁化水加快化学反应速度，提高产量。纺织厂用磁化水褪浆，印染厂用磁化水调色，都取得了很好的经济效益。

在农业上，用磁化水浸种育秧，能使种子出芽快，发芽率高，幼苗具有株高、茎粗、根长等优点；用磁化水灌田，可使土质松软，加快有机肥分解，刺激农作物生长。通过实践人们发现，畜牧场用磁化水喂养家禽家畜，可使禽畜疾病减少、增重快。

电与磁的世界

## 如何选择磁疗器械？

现在市场上有大量的磁疗器械。在选择购买的时候，一定要选择正规可靠的品牌，或者根据自己的病情来选择。注意，一般急性的疾病，应当到医院进行治疗。内脏的慢性疾病，可以选用穴位治疗的磁疗器械，这类磁疗器械使用比较方便。而肌肉、韧带的慢性疾病，应该选择磁疗效果较强的，比如磁电类的磁疗器械。同时，选择磁疗器械，要

◆磁疗鞋垫

◆磁疗枕头

◆磁疗床

注意选择永磁铁为主的器械，因为这类磁片的磁场强度高，效果较好，而且磁性可以保持时间比较长。

对于常见的磁疗日用品，磁疗鞋垫、床垫、护膝等等，对于疾病可以起一定的预防作用。磁疗的服装，注意要选择大小合适的，才能对准身体的有效部位。不过注意，在选用穴位治疗的磁疗器械时，一定要在医生的指导下使用，否则无法准确对准穴位或治疗部位时，也不能达到好的治疗效果。

拓展思考

请同学们仔细阅读本节，或者上网查找资料，思考以下的问题：

1. 了解一下身边的磁疗产品。

2. 查一查磁疗的原理、对人体的作用及使用方法。

# 千呼万唤始出来
## ——磁共振

磁共振成像是近年来医学诊断技术中的最新成就。利用这种技术，可以对人体各个部位各个方向进行断层摄影，从而可以清晰地显示出人体内部器官病变的生理特征，直观地显示出病变或者肿瘤组织的生理异常。也可直接地显示血管疾病病人的动脉脂肪沉积物，提供大脑供血血管的图片，或者提供三维立体的图片。很神奇是吧？一起来阅读这一节的内容吧。

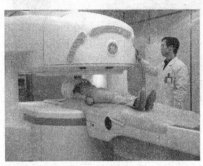

◆磁共振成像

## 磁共振的历史

1930 年，伊西多·拉比（Isidor Rabi）发现在磁场中的原子核会沿磁场方向呈正向或反向有序平行排列，而施加射频脉冲之后，原子核的自旋方向发生翻转。这是人类关于原子核与磁场以及外加射频场相互作用的最早认识。由于这项研究，拉比于 1944 年获得了诺贝尔物理学奖。

1946 年，瑞士的费利克斯·

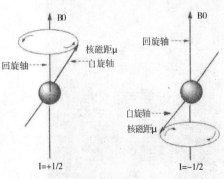

◆原子核可以吸收一定频率的电磁辐射并改变核自旋方向

◆费利克斯·布洛赫（1905～1983年）

布洛赫（Felix Bloch）和美国的爱德华·米尔斯·珀塞耳（Edward Mills Purcell）发现，将含有单数质子、单数中子或者两者均为单数的原子核置于磁场中，再施加以特定频率的射频场，就会发生原子核吸收射频场能量的现象，这就是人们最初对核磁共振现象的认识。后来他们两人为此获得了1952年度诺贝尔物理学奖。

人们在发现核磁共振现象之后，很快就产生了实际用途。化学家们利用分子结构对氢原子周围磁场产生的影响，发展出了核磁共振波谱，用于解析分子结构。没多久，核磁共振波谱技术不仅能做出一维氢谱，而且还有$^{13}$C谱、二维核磁共振谱等高级谱图。核磁共振技术解析分子结构的能力也越来越强，进入20世纪90年代以后，发展出了依靠核磁共振信息确定蛋白质分子三级结构的技术，使得溶液相蛋白

◆爱德华（Edward Mills Purcell，1912～1997年）

◆彼得·曼斯菲尔德爵士（Sir Peter Mansfield，1933～今）

电与磁的世界

质分子结构的精确测定成为可能。

另外，医学家们发现水分子中的氢原子可以产生核磁共振现象，利用这一现象可以获取人体内水分子分布的信息，从而精确绘制人体内部结构。纽约州立大学石溪分校的物理学家保罗·劳特伯尔于1973年开发出了基于核磁共振现象的成像技术，并且应用他的设备成功地绘制出了一个活体蛤蜊的内部结构图像。劳特伯尔之后，MRI技术日趋成熟，应用范围日益广泛，成为一项常规的医学检测手段，广泛应用于帕金森氏症、多发性硬化症等脑部与脊椎病变以及癌症的治疗和诊断。2003年，保罗·劳特伯尔和英国诺丁汉大学教授彼得·曼斯菲尔德因为他们在核磁共振成像技术方面的贡献获得了当年度的诺贝尔生理学或医学奖。

### 知识窗

#### 磁化的解释

由于物质中电子要运动，每一个电子运动都是杂乱无章的，那么这些电子产生的磁性就相互抵消。在电磁场的作用下，电子都采用同样的"方式"、"方向"来旋转，这样，它们产生的磁场都是统一"方向"的，此时物质就有了磁性。一旦外加电磁场撤销，这些电子不被强制统一"方向"旋转，慢慢就又变得杂乱无章了。

所以，电磁场和电子统一频率"旋转"，就是共振现象。

## 磁共振的原理

磁共振分为三类，一类是核磁共振，还有电子顺磁共振、电子自旋共振。固体在恒定磁场和高频交变电磁场的共同作用下，在某一频率附近产生对高频电磁场的共振吸收。在恒定外磁场作用下固体发生磁化，固体中的元磁矩均要绕外磁场进动。由于存在阻尼，这种进动很快衰减掉。但若在垂直于外磁场的方向上加一高频电磁场，当其频率与质子进动频率一致时，就会从交变电磁场中吸收能量以维持其进动，固体对入射的高频电磁场能量在上述频率处产生一个共振吸收峰。

若产生磁共振的磁矩的方向是沿着磁体中的原子磁矩的方向，则称为顺磁共振；若磁矩是原子核的自旋磁矩，则称为核磁共振。

若磁矩的方向为铁磁体中的电子自旋磁矩的方向，则称为铁磁共振。核磁共振的频率和灵敏度比电子磁矩共振低得多；弱磁物质的磁共振灵敏度又比强磁物质低。

◆磁振频谱仪

电与磁的世界

# 磁共振——医学的眼睛

核磁共振仪一般由四大部分组成：磁体、谱仪、探头、计算机分析器。通过计算机选择测定的模式，并设置好各个参数，频率合成器就会合成某一频率的射频脉冲，经过探头内的发射线圈发射到样品后，样品就会吸收射频的能量发生核磁共振，接收线圈将信号传输到检测仪后，经过放大处理，存在计算机

◆磁共振仪器

内。这些信号通过傅里叶变换，可以在绘图仪上画出图谱。

核共振在医学上已经有广泛的应用。由于人体组织里含有大量的氢原子，这些氢原子很多是以水的形式存在于人体当中的。还有很多氢原子是以碳水化合物的形式组成了大量的生物分子。人体内氢原子的化学环境不同，那么在这些原子中的质子的自旋频率也不同。我们在恒定的主磁场中加上沿 X，Y，Z 轴 3 个方向大小呈线性梯度规则变化的梯度磁场，那么就可以在空间任意一点获得信号进行编码。那么怎么获得这种信号呢？

目前有两种磁共振信号的基本方法，一种是检测自由感应衰减信号；

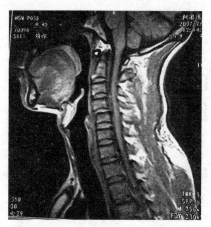

◆脊椎的磁共振片

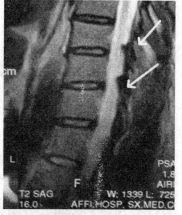

◆箭头处胸骨韧带骨化

另一种是检测自旋回波信号。检测自由感应衰减信号的时候，首先对样品施加一个射频脉冲，然后接收这个脉冲，样品磁化强度在接收线圈感应出的电压，随时间开始衰减，就可以记录线圈内的相应的核磁共振信号，但检测较困难。自旋回波信号可以由2个射频脉冲产生双脉冲检测，读取自旋回波信号比自由感应衰减信号要方便，因为回波发生于射频脉冲之后若干个时刻，可以推迟信号读取时间。为了对信号进行空间信息编码，常常还需要在射频脉冲之后加上磁场梯度。

电与磁的世界

拓展思考

请同学们仔细阅读本节，或者上网查找资料，思考以下的问题：

1. 磁共振的原理是什么？

2. 磁共振在医疗上有哪些应用？

# 穿墙过壁亦无阻
## ——X射线机

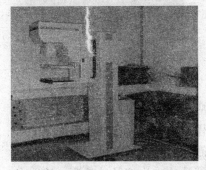

◆X光机

X射线是电磁波的一种，频率非常高，所以它的穿透力很强。X射线机广泛应用于医疗卫生、科学教育、工业等各个领域，例如X射线机可用于医院协助医生诊断疾病，用于工业的无损探伤，火车站和机场的安全检查等等。

那么，X射线对人体是否有害呢？程度有多大呢？

## X射线——用途广泛的电磁波

X射线，又被称为伦琴射线或X光，是一种波长范围在0.1纳米到10纳米之间，对应频率范围$3×10^{18}$赫兹到$3×10^{16}$赫兹的电磁辐射。X射线机主要包括几部分：电源、控制台、高压发生器、X射线管\辅助设备。

X射线管：可以用来产生X射线，一般X射线管是一个真空热阴极二极管，有阳极和阴极，被密封在高真空的玻璃管中。

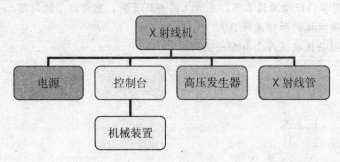

高压发生器：可分为高压电源和灯丝电源两部分，高压电源是 X 光机的关键部件，是一种比较精密的高压电源，其中灯丝电源用于为 X 射线管的灯丝加热，高压电源的高压输出端分别加在阴极灯丝和阳极靶两端，提供一个高压的电场。

控制台：控制 X 射线发生时间和结束时间，调节 X 射线的强度以及机械动作。

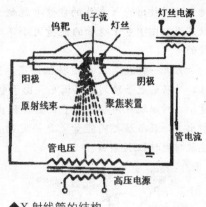

◆X 射线管的结构

机械装置：为了诊断需要而设计的各种机械，比如诊视床，支架，或者为特殊摄影技术而设立的辅助设备，如胃肠摄影，断层摄影，荧光缩影，影像增强等装置。

X 射线管的阳极是一个铜棒，上面镶嵌着一小块钨靶，阴极是一根钨丝。当灯丝电源接通，灯丝被加热以后，升到足够高的温度，就会产生足够数量的电子。如果在阳极和阴极上面加上高电压，电子则会被加速到极高的速度，当高速电子打到钨靶上，高速的电子被金属阻拦，就会发射出 X 射线。

**讲解——为什么高速电子能在金属上打出 x 射线？**

电子被加速到很高速度以后，具有很大的能量。大家可以想象，假如一辆汽车撞到护栏，如果汽车的速度越快，护栏被毁坏的程度也就越严重。那么，高速的电子撞到金属原子上，必然也会撞出点什么。实际上，这样产生的 X 射线有两种类型：首先，由于高速的电子撞过来，能量损失，这一部分能量就完全转化成了光子的能量，辐射出去，也就是 X 射线连续谱。高速电子携带的能量

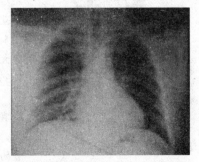

◆X 射线机的胸透图片

越大，释放出的 X 射线的能量也就越大，而电磁波的能量大小与频率有关。也就是说，由于电子携带的能量大小不同，X 射线就有各种频率，所以频谱是连续的。

另外一种就是 X 射线特征谱了。高速的电子撞击到钨钯，内层的电子被击落，外层的电子跳到内层填充。由于电子在外层需要的能量大，在内层需要的能量小，所以跳入内层的电子就会释放出一些能量，这些能量以 X 射线的形式辐射出去，层与层之间能量差是一定的，所以产生的 X 射线的频率也是确定的。这就叫做特征 X 射线。

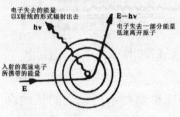

◆X 射线连续谱的产生

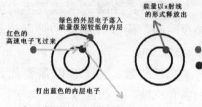

◆X 射线特征谱的产生

## 名人介绍——伦琴和 X 射线

◆ 伦琴（Wilhelm Cönrad Röntgen，1845～1923 年）

伦琴出生在德国伦内普的一个纺织商人家庭。在他三岁的时候全家搬到了荷兰的阿帕尔多伦。他在马尔廷尼斯·赫尔曼·凡·多伦学院接受早期教育，1865 年，伦琴进入乌得勒支大学，之后在苏黎世联邦理工学院学习机械工程。1869 年获得了苏黎世大学物理学博士学位。伦琴先后任斯特拉斯堡大学，霍恩海姆农业学院教授，吉森大学物理系主任，维尔茨堡大学物理系主任。1895 年伦琴发现了 X 射线。

1895 年 9 月 8 日这一天，伦琴正在做阴极射线实验。一次伦琴用厚黑纸完全覆盖住阴极射线，这样即使有电流通过，也不会看到来自玻璃管的光。可是当伦琴接通阴极射线管的电路时，他惊奇地发现在一个镀有一种荧光物质氰亚铂酸钡的荧光屏开始发光，像受一盏灯的感应激发出来似的。他断开阴极射线管的电流，荧光屏即停止发光。由于阴极射线管完全被覆盖，伦琴很快就认识到当电流接通时，一定有某种不可见的辐射线自阴极发出。由于这种辐射线的神秘性质，他称之为"X射线"。伦琴就用这种射线拍摄了他夫人的手，这张照片显示出他夫人手的骨结构。这种发现实现了某些神话中的幻想，因而在社会上立即引起很大的轰动，为伦琴带来了巨大的荣誉。1901年诺贝尔奖第一次颁发，伦琴就由于这一发现而获得了这一年的物理学奖。

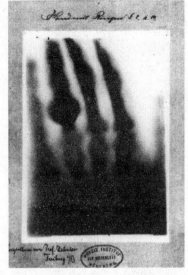

◆伦琴的妻子的手，拍摄于1985年12月22日

拓展思考

请同学们仔细阅读本节，或者上网查找资料，思考以下的问题：

1. 什么是X射线，它是如何发现的？
2. X射线在医学上有哪些用途？

电与磁的世界

# 自然界的奇异现象

## ——电磁学的奇闻趣事

　　大家从前面的内容已经了解了电和磁的基本概念，也知道了电场、磁场相关的道理。我们也知道，电磁波或者说电磁辐射会对人类有一定的影响。不过，大自然是奇妙的，你有没有思考过，实际上，在千万年中，人类一直受电磁波的影响。比如，阳光就是电磁波的一种，地球也是一个巨大的磁场。我们从小学的课文中，就知道秋天来了一群大雁往南飞。大雁是如何识别方向的呢？

　　在医学上，我们知道有心电图、脑电波，那么因为电和磁相关，人是不是体内也有磁场呢？磁场对人体或者对生物都有什么影响？你知道吗？不仅仅人造的电池和发电机会产生电，就连有些小鱼也有电？

　　让我们一起来了解电磁学在大自然里的奇闻趣事吧！

◆大雁往南飞

# 细胞内外有电流
## ——生物电之谜

我们现在的社会已经完全离不开电了，手机通信、网络交流，路口的信号灯，样样都需要电。那么在我们身体中，一个个细胞是如何传递信息的呢？也是由于电吗？那么生物电是怎么被发现的呢？它们为什么会产生呢，又有什么价值？医学上的心电图，脑电波等等，这些又是怎样的。让我们一起来阅读这一节的内容吧。

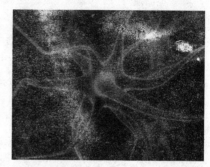

◆神经元细胞

### 生物电学科的起源

意大利波洛尼亚大学的解剖学教授伽伐尼经常利用电击研究生物反应，1786 年，他无意中发现解剖下来的青蛙腿，碰到窗台上的栏杆上以后，就猛烈地收缩。经过长期的研究以后，在 1791 年发表成果，剥出一条青蛙腿的神经，一端缚在另一条腿的肌肉上，另一端和脊髓相接，结果腿仍然会有抽搐现象，证明了表现在青蛙腿上的电刺激，可以来自动物本身。他一直认为这是一种由动物本身的生理现象所产生的电，称为生物电，因此开发了一支新的科学"电生理学"。他的好朋友伏特一直不同意他的观点，在证

◆伽伐尼（Luigi Galvani, 1737～1798 年）

电与磁的世界

明他的观点错误的同时，发明了伏特电池。历史上，伽伐尼和伏特的争论是长期无结果的。实际上，两位科学家的见解都是片面的。伏特发明了伏特电池，但是他一直不知道工作原理到底是什么，伽伐尼把动物组织的生物电看作电源，也是不准确的。

**动手做一做——重复伽伐尼的生物电实验**

把青蛙的腿剪下来，从中间分开与腰部脊髓相连的神经，注意，一定要分离清楚，不要弄断了，用一根导线连接神经和蛙趾，发现青蛙腿部的肌肉会有强烈的收缩。

注意，一定要在实验室中，在生物老师的指导下进行实验。

◆伽伐尼实验记录图片

**历史故事——伏特电池小常识**

◆伏特（Alessandro Giuseppe Antonio Anastasio Volta 1745～1827 年）

伏特一直不同意伽伐尼的观点，他认为，金属是真正的电流激发者，而神经是被动的。伏特并把这种电流命名为"金属的"或"接触的"电流。在伽伐尼研究的同时，伏特也做着各种实验来证明自己的观点。终于在公元1799年，伏特以含食盐水的湿抹布，夹在银和锌的圆形版中间，堆积成圆柱状，制造出最早的电池——伏特电池。1800年，伏特将研究成果，写成一篇论文《论不同金属材料接触所激发的电》。电池中会发生化学反应。金属铜在溶液中失去电子，变成了可以在液体中自由移动的铜离子，这样它就可以带两个正电荷到处移动了，溶液当中的带正电的氢离子，得

电与磁的世界

到两个电子以后，就变成了氢气分子。化学反应会源源不断地发生，铜离子就会源源不断地带着电荷从一端跑到另一端，这样电流产生了，电池也就造出来了。

## 细胞的"电压"

1949年，英国的生物物理学家霍奇金，提出了离子学说，认为生物电现象是由于某些带电离子在细胞膜两侧的不均衡分布以及在不同情况下细胞膜对这些离子的通透性发生改变所造成的。

伏特电池产生电压的原因，是在溶液中，有带电荷的离子因为发生化学反应而源源不断地移动产生电流。生物电的产生也是有一定原因的，现在比较受到认可的是"薄膜学说"。大家可以想象，在一杯水中加一滴墨水，那么这滴墨水自然而然往周围扩散。那么假如把这滴墨水换成浓度很大的盐溶液，那么自然这盐溶液里面带电荷的离子也要扩散，扩散时，浓度不同而产生的电势差，叫做扩散电势。在扩散的过程中，假如有一层细胞膜，它像栅栏一样，选择性地让其中带一种电荷的离子通过，而带另一种电荷的离子不能通过。这样就形成了电流。事实上，细胞膜对离子的通透性随细胞所处生理状态不同而改变，当细胞处于安静状态时，细胞膜主要对于钾离子 $K^+$ 有通透性，膜内钾离子 $K^+$ 向

◆伏特制作的电池，现收藏于科莫博物馆

◆霍奇金（Sir Alan Lloyd Hodgkin，1914~1998年）

电与磁的世界

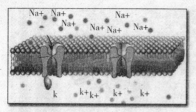

◆细胞膜内外离子不同

细胞外扩散，但是带有负电的蛋白离子却不能透出，于是由于膜外很多带正电钾离子 $K^+$，膜内很多带负电的蛋白离子，这是膜内外就有了电势差。也就是说，细胞膜的内外有一定的电势差，在生物上，叫做跨膜电位。

知识窗

**现代生物电学始祖**

现代生物电学始于1902年的波斯特的假说，他认为，神经和肌肉细胞都被半透膜包围，这种半透膜把两种不同成分的电解液分隔成两室，观察到的跨膜电势差是钾离子的电位。他测出了细胞膜内外的电容值。

## 细胞的"电流"

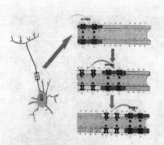

◆动作电位从一个细胞传递到另一个细胞

细胞在静止的时候，细胞膜内外有电位。那在生物体内，信号是怎么传播的呢？对于哺乳动物来说，当一个细胞接收到刺激信号时，它的膜电位会有所降低。当动作电位发生的时候，细胞膜的"栅栏"开始改变，上面的小门开得更大，让大量的 $Na^+$ 离子逐渐流入膜内，这样，电位差就逐渐减小了。如果膜电位减小到一定程度，膜上的门会大开，大量的 $Na^+$ 离子突然涌入，形成爆发动作电位。

1836年，泰乌奇（Carlo Matteucci，1811～1868年）做了一个神奇的实验，他把两块青蛙的肌肉用神经连接起来，然后用电信号刺激其中一块肌肉，发现另一块肌肉也跟着收缩。他认为，这是因为组织受到电信号刺激而产生兴奋时，膜内外可以产生动作电位，这种动作电位就会以动作电流的形式，传播下去。另外一个组织，也会因为动作电流的刺激，而产生另外一次的兴奋。

## 名人介绍——为了科学而奋斗的雷曼

◆雷曼（du Bois－Reymond，1818～1896 年）

◆雷曼的实验图

电与磁的世界

　　到了 1846 年，法国人杜·波斯·雷曼（du Bois－Reymond，1818～1896 年）也开始对肌肉里面的电流感兴趣。他的实验是非常具有独创性的，他用电流计的两对电极，一根放在手臂上，另一根，把自己手指的某处弄一个水泡，将水泡上的皮肤去除，将包含有金属丝的表面电极浸在盐水溶液中，再将手指放入盐水溶液，他发现当手和手臂收缩时，检流器会有些轻微的偏动，他想到皮肤的阻抗会降低检流计纪录到的电流，他便将手指伤口浸在有电极的盐水溶液时，肌肉收缩造成的检流器偏移角度非常大！他重复做肌肉收缩都得到相同结果，直到几星期后伤口愈合为止。大家都知道，伤口上撒盐，是非常痛的。科学家为了实验，居然忍受这么巨大的痛苦。这种精神实在令人感动。

拓展思考

请同学们仔细阅读本节，或者上网查找资料，思考以下的问题：

1. 细胞产生静息电位的原因是什么？动作电位是怎样变化的？

2. 请上网查阅资料，雷曼的其他贡献是什么？

电与磁的世界

# 动物也在电世界
## ——鱼类"发电机"

大家可能已经听说过"电鳗"这个名字了，了解了电是什么以后，大家知道这种鱼实际上相当于自身有一个电池。在希腊和罗马一些落后的地区，有一些老年人，到了海边，会去捉一种电鱼，来电自己，为什么呢？因为他们相信一种电疗的医术，把这种鱼捉来，电了自己，可以治疗风湿。用电鱼来治病？很神奇吧。让我们一起来了解一下，这在我们生活中未知的生物吧。

◆电鳗

电与磁的世界

## 电鳗——会发电的鱼

电鳗是鳗形南美鱼类，学名为（Electrophorus electricus），能产生足以将人击昏的电流，高达600多伏，远远地超过了人体能够接受的安全电压36伏。电鳗不是真正的鳗类，而属裸背鳗科。行动迟缓，栖息于缓流的淡水水体中，并不时上浮水面，吞入空气，进行呼吸。体长，圆柱形，无鳞，灰褐色。长可达3米，重22千克。背鳍、尾鳍退化，但占全长近4/5的尾，其下缘有一长形臀鳍，依靠臀鳍的波动而游动。尾部具有发电器，来源于肌肉组织，并受脊神经支配。能随意发出电压高达650伏的电流，所发电流主要用以麻痹鱼类等猎物。

## 知识窗

### 电鳗小常识

界：动物界 Animalia

门：脊索动物门 Chordate

总纲：硬骨鱼总纲 Osteichthyes

纲：辐鳍鱼纲 Actinopterygii

目：电鳗亚目 Gymnotiformes

科：裸背电鳗科 Gymnotidae

属：电鳗属 Electrophorus

种：电鳗 E. electricus

# 电鳗的"发电机"

电鱼都具有一套类似于我们常见的蓄电池结构的发电器官，它是由肌肉细胞演变而成的。在它的头、胸鳍的肩部两侧由许多显微组织间隔的六角形状管子构成。这样的管子大概有数千个。这些犹如蜂窝状的发电器官是由许多块"电板"所组成。一般电鱼体中的"电板"的厚度只有 7～10 微米，直径可至 4～8 毫米。"电板"分为两面：一面较为光滑，直接与神经系统相连；另一面则凹凸不平，无神经。"电板"和原来的肌肉细胞一样，具有膜外带正电，膜内带负电的静息电位。电板的腹面都有神经纤维联系，一旦神经系统传来一个指令信号时，"电板"两面的电荷出现了不对称，电板腹面就带负电，电板背面就带正电，水是导体，接通了"电源"的正负极，因而产生了电流。

每个放电体可以制造 0.15 伏的电压，而当数千个放电体一起全力放电时，电压可以高达 600～800 伏，但这种高电压只能维持非常短暂的时间，而且放电能力会随着疲劳或衰老的程度而减退。电鳗能自由控制要放出什么强度的电力，一般认为电鳗放出低电压的目的是在警告、试探或侦测。

电与磁的世界

### 电鳗为什么不会被电到？

　　电鳗之所以能不被自己或同类电到，那是因为电鳗体内的脂肪组织有很好的绝缘作用，而且电鳗本身已很适应微弱的带电环境。

## 轶闻趣事——共生动物

　　清洁蟹和鳗鱼是一种共生动物，就像好朋友一样，互相帮助。看上去，清洁蟹似乎就要被吃掉了，竟然敢爬进鳗鱼张开的嘴里，实际上，它只不过在帮鳗鱼找到口中的寄生虫，并且吃掉。鳗鱼为小清洁蟹提供了食物，清洁蟹也是鳗鱼的牙医。

◆清洁蟹为电鳗清理牙齿

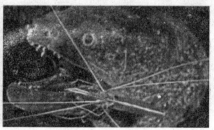

◆清洁蟹为电鳗清理牙齿

## 广角镜——在南美怎么捕捉电鳗？

　　电鳗主要生活在南美洲的亚马逊河流和奥克诺克河中。印第安人在捕捉电鳗时，为了避免电鳗放电对人的伤害，就先把一些野马赶到水潭里并高声吆喝。当受到马蹄践踏和人声的恐吓的时候，电鳗就窜到水面，将马电击在水里，有些马被电击以后，受到刺激，慌乱不安，会再次混乱起来。电鳗再次对马电击。多次

电与磁的世界

之后，电鳗的放电强度就逐渐降低，直到停止放电。渔民们就把马给赶回岸上，再把一条条的电鳗捕捉上来。

## 还有哪些会发电的鱼？

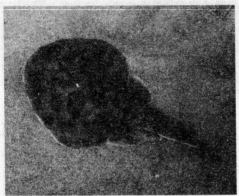

◆电鳐

◆电鲇

除了电鳗，还有电鳐与电鲇都会在攻击时，产生电。先说一下电鳐吧，电鳐生活在地球热带或者温带，大多数种类主要是生活在浅水中，不过，还有深海电鳐。它们活动很缓慢，身体柔软，皮肤光滑，头与胸鳍形成圆或近于圆形的体盘。发电器一对，由变异的肌肉组织构成，位于体盘内，头部两侧，能发电，用于防御和捕获猎物，大型电鳐发出的电流足以击倒成人。电鳐可以放出 50 安培的电流，电压达 60～80 伏，电鳐每秒钟能放电 50 次，但连续放电后，电流逐渐减弱，10～15 秒钟后完全消失，休息一会后又能重新恢复放电能力，有海中"活电站"之称。

电鲇的体积比较小，大概长只有 1 米左右，一般有 20 千克重，体型比较长，粗壮。一般是褐色或者淡灰色，发电器官是变异的肌肉组织。常隐居暗处，多夜间活动。放电自卫，并借以猎取小鱼为食。发电器官来源于表皮腺细胞，为一位于整个躯体皮下的胶质鞘，电板散布其中。放电电压可达 450 伏，电流自后流向前，可击毙小型鱼类。主要生活在热带非洲的尼罗河、刚果河。

电与磁的世界

## 展望——美研究人员发明"电鳗"电池

《中国能源报》2009年11月9日报道说,美国的研究人员模仿电鳗发电原理开发了一种新电池,利用离子浓度差发电。地球上的许多生物都会善用自身体内离子浓度的差异。拿人脑举例:人脑依靠电脉冲释放"捆绑"在神经传导素上的钙离子,实现与其他神经系统的沟通。电鳗的发电系统可以产生很强的电力,它利用的便是体内约6 000个发电细胞里钠离子的浓度差。一般情况下,这些发电细胞是彼此隔离的个体。当电鳗找到猎物时,它便会打开细胞大门,让离子自由流动。因为电鳗生活在水中,而水是可导电溶液,当它体内的带电离子流动时,便会产生电流。

大卫·拉凡是美国马里兰州国家标准和技术研究所的研究人员。他在国际著名期刊《先进材料》上发表了一篇报告。报告中说,如果电极原材料的电阻与电子通过原始细胞薄膜时遇到的电阻一样,电极就能在"有用的时间段内"产生"有用的电流"。电池内原始细胞的数量越多,电池的使用寿命就会越长。拉凡博士表示,两个直径几厘米长的原始细胞所发电力足够一个MP3工作10小时。

拓展思考

请同学们仔细阅读本节,或者上网查找资料,思考以下的问题:

1. 电鳗发电的原理是什么?和干电池一样吗?

2. 可以发电的鱼,有哪几种,它们属于同一纲的吗?

电与磁的世界

# 升天入地求之遍
## ——有感觉的"假肢"

◆身残志坚的独腿攀岩者挑战峭壁

电与磁的世界

大家看见残疾人总会感到同情，毕竟因为他们的生活更加艰难，更加不方便。有一天你突然发现，那个走路与常人无异，甚至可以登台跳舞的朋友，居然是位失去了腿，一直用假肢的残疾人，不知道你会作何感想？

假肢给残疾人提供了很多方便，细胞传来的生物电信号竟然可以控制假肢上的每一根手指，甚至可以利用各种传感技术，让残疾人知道，杯子里的水是热是凉，等等。这不得不让人惊叹现在科技的先进！好奇了吗？一起来阅读这节的内容吧。

## 神奇的"肌电假肢"

在过去，残疾人一般只能安装一个功能有限的木头肢体。从 20 世纪 50 年代以来，随着电生物学的发展，我国和其他国家都已经成功地研制了肌电假肢。还是在第一次世界大战的时候，战场上的士兵有很多成为了残疾人。医生们就使用"运动形成切断术"外科手术来推动机械手的运动。医生把钢针和电缆相连，另一端连接到患者的肌肉上。电缆可以推动人造肢。使用者只要一想"捏右手"，右手就捏起来了。不过，这种因为是通过残臂上的肌肉来拉动手握紧和松开，所以一般只适合肌肉发达的男性。后来前苏联的科学家发明了能工作的肌电手，这种装置直接从头皮上获得电信号，经过放大，去控制机械手中的电动机，安装在肌电手里的电池一般可以用三天。细胞可以产生运动电位，大小虽然很小，在 60 毫伏左右，而且还有许多干扰，不过，现代技术已经可以把干扰过滤掉，再通过电子技术的信号放大，达到能够应用的目标。关节运动的速度是和肌电振幅大小相关的，角度也有一定关系。这样，人的大脑发射出的信号，随着神经传播到肌肉上，通过放大器与滤波，在假肢里装有相应的电动机，就可以控制假肢的运动了。

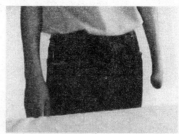

▲使用肌电手

医生把假肢的电极安装到残肢端的肌肉表面下，导出其中的肌电信号。平时用的电机，速度都非常高，不适合人手的速度，所以，一般都是使用齿轮将速度减慢，以便实现假手伸开、握紧等动作。感应器可以感知假肢的位置和速度，并把信号经过放大器和电路反馈，从而可以调整假肢的动作。现在的假肢系统可以做到握笔、用筷子等简单的动作。

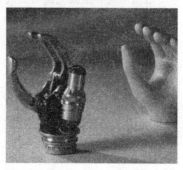

▲肌电手

电与磁的世界

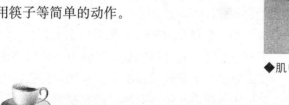

小故事——可乐男孩的肌电手

大家还记得在地震中坚强地度过 80 个小时的"可乐男孩"吗？他在被救助出来后，说了，"叔叔，我要喝可乐，"而闻名全国。在 2009 年 12 月 29 日，这个 18 岁的小伙子终于安装上了世界上最先进的"肌电手"，价值 16 万元，全部由可口可乐公司赞助的。假肢矫形师周勇说："2009 年 6 月的时候，可口可乐公

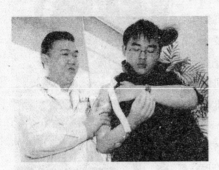

◆可乐男孩的肌电手

◆可乐男孩单手打篮球

电与磁的世界

司就提出要为薛枭捐赠一只假肢。我们经过千挑万选，最终选定了德国的一家公司。我们先在医院里用石膏采集了薛枭的手臂模型，然后送到德国去制作，这个手臂运用的是目前最先进的假肢制造技术，总造价高达 16 万元，做出来的假肢看上去几乎和薛枭原来的手臂一模一样。"这个假肢不仅能防火、防水、还可以灵活地做出各种动作。

## 有"感觉"的假肢

现在大多数假肢，都是没有任何感觉，一个是造价太高，还有一个原因是技术复杂。美国 Novacare 公司的假肢研究中心，根据仿生学原理，给

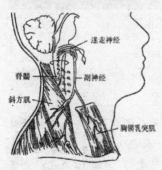

◆可将记录电极放在斜方肌处

了假肢的触觉和冷热感觉。研究中心在假脚的脚跟处和脚趾附近各放上个感应器，感应器可以把压力的信号传递到腿力的控制器，控制器对连接残肢的电极发出相应的电位信号，医生将用钨针把这个宽 0.2 毫米、高 0.01 毫米的丝状电极植入患者神经，残疾人在走路的时候，就会有像正常人走路时的类似感觉。还有一种，在假肢的大拇指和食指的地方，安装了压力传感器和温度传感器。压力的信号通过处

理以后，来控制小型的电机，这样的人造手臂，可以使残疾人能够自如的使用假手。温度传感器的电信号传给挨着残疾人残臂的热偶电极，当温度传感器温度变化的时候，热偶电极的温度也相应变化，这样残疾人就能感觉到手里拿的杯子是热是冷了，可以容易地喝到温水了。当患者收拢拇指和食指时，传感器神经纤维的脉冲速率相对较高，轻触摸时速率则相对较

◆肌电手

低。假手所提供的专门信号与真手还是有很大差别的，因此还必须通过大脑进行学习，对新信号解码，人才能够作出相应合适的反应。

**？ 拓展思考**

请同学们仔细阅读本节，或者上网查找资料，思考以下的问题：

1. 请大家上网查找地震中坚强地活下来的"假肢舞者廖智"的有关资料，并阅读她的故事，感受一下她的坚强。

2. 对于肌电假肢，科学家已经做到哪些感觉，现在还有哪些技术难题没有攻克？

电与磁的世界

# 满园春色添异彩
## ——动物的磁效应

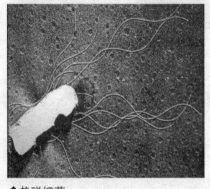

◆趋磁细菌

生物磁学是研究物质磁性、磁场与生物特性、生命活动之间相互联系的学科。任何物质，都具有或强或弱的磁性，任何空间，都会存在强度不一的磁场。现代的技术，因为磁场的环境，很多都不得不考虑磁场这一因素造成的影响。现代的磁疗、磁共振，等等，又是医学上一个新的领域。同时，生物磁学，在农业、牧业、工业都有很大的影响。让我们从生物磁学是什么开始进行了解吧。

## 生物磁是什么？

生物体内充满了电荷，而这些电荷基本的形式就是离子、离子基团和电偶极子。身体内的生命物质——蛋白质，其中13种氨基酸都可以在水中离解成离子基团，或者表现出电偶极子的特性。还存在着许多钠离子、钾离子、钙离子、铁离子、镁离子、氯离子这些无机离子，在这些电荷的互相作用下，生命机体发挥着自己的功能。运动的带电粒子受到力的作用的空间，所存在的场就是磁场。我们知道，任何物体都具有磁性，那当然也包括生物。狭义的生物磁学是指对生物体和人体本身产生的磁场及磁性的研究。由于生物体产生的磁场非常微弱，小于 $10^{-9}$ T，并且远低于地磁场（约为 $5 \times 10^{-5}$ T），因此一般研究生物和人体的磁场需要高灵敏度的仪器，又要消除环境磁场的装置。

### 知识窗

#### 生物磁学的研究范围

早期生物磁学一般只研究磁场对生物的影响，也就是说磁效应。后来有了复杂的交流电，开始研究交变磁场对生物的影响，当然除了磁效应，还包括热效应，以及更复杂的磁损耗产生的热效应、力效应等。

### 展望——我国第一个零磁空间实验室

中国地震局地球物理研究所建成了我国第一个零磁空间实验室，零磁空间实验室主要包括一个大型的磁屏蔽装置，一个亥姆霍茨线圈系统，以及一些高精度的测试仪器、记录仪器和附属设备。它采用双层磁屏蔽结构，和线圈补偿的方式建成的。这个实验室填补了我国在弱磁测量方面的一项空白，为开展地磁场与生命活动关系的研究和进行弱磁实验测量以及一些边缘学科的研究，创造了基本条件及必要

◆零磁空间实验室

环境。对于评价太空生物效应三要素失重、辐射和零磁中零磁的重要性提供直接的实验依据，以及明确地磁场对地球上生物体生命活动的影响和推动这一领域的

◆零磁空间实验室培育出白化鼠

◆大小与普通仓鼠无异

电与磁的世界

发展起到积极作用，并对于开拓医学物理治疗新途径具有重要的理论价值和实践意义。

科学家把纯种的金黄仓鼠放养在零磁空间中，发现在第三代，出现毛色白化现象。众所周知，有色毛动物出现白化现象是极其罕见的。而金黄仓鼠在零磁空间产生白化鼠，并且基因可以遗传，这对进一步培育动物物种提供了新的途径。

# 生物磁场的来源

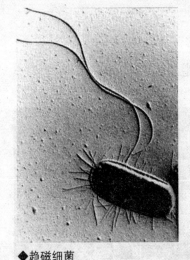

◆趋磁细菌

我们知道任何变化的电流都能产生磁场。由生物膜内外离子浓度差形成静息电位，兴奋改变了生物膜的离子通透性，这样产生了脉冲式的离子电流，动作电位在细胞间形成的生物电流，可以使神经、心脏、骨骼肌等的电场随时间变化，变化的电场可以产生变化的生物磁场。心电图、脑电波等，当然，也就会有心磁场、脑磁场。同时，还有肌磁场、神经磁场等等。

由于生物磁性材料产生感应磁场。生物中的许多物质本身具有一定的磁性，如含 Fe 的血红蛋白，含 Co 的维生素 $B^{12}$，含 Cu 的肝铜蛋白等，在地磁场或者外界的其他磁场的作用下，就会产生感应磁场。一般肝和脾产生磁场都是感应磁场。

由于生物内有强磁性的物质而产生的磁场。比如，磁铁矿的粉末通过鼻子进入生物体内。

小博士——人体磁场表

| 磁场来源 | 磁场强度（奥斯特） | 磁场频率（赫兹） |
| --- | --- | --- |
| 正常心脏 | $10^{-6}$ | 0.1~40 |

| 磁场来源 | 磁场强度（奥斯特） | 磁场频率（赫兹） |
|---|---|---|
| 受伤心脏 | $5 \times 10^{-7}$ | 0 |
| 正常脑 | $5 \times 10^{-9}$ | |
| 脑睡眠时 | $5 \times 10^{-8}$ | |
| 肌肉 | $10^{-7}$ | 1～100 |
| 腹部 | $10^{-6}$ | 0 |

# 生物体内的"磁铁"

1875 年，科学家在显微镜下发现一种细菌，这些细菌都是生活在泥浆里面，并且一直朝北方游动。然后科学家改变外部的磁场，发现很多有意思的现象。假如在外界加一个大于地磁场的人工磁场，并且方向与地磁场方向相反，科学家发现这些细菌也开始反向游动。如果他拿一个磁铁靠近载玻片，细菌就会向磁铁的 N 极移

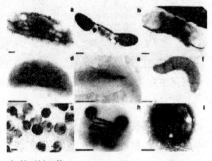

◆趋磁细菌

动。这些细菌之所以有这种举动主要是因为它们产生微小的、含铁的、具有磁性的小颗粒。每颗颗粒都具有 N 极和 S 极。这些细菌将这些小磁粒排成一直线形成一长的磁铁。它们用这种磁铁作为指南针来使它们沿着地磁方向移动。由于这些趋磁细菌并不喜欢氧气。它们需要从富氧区移至贫氧或无氧区。在水性环境中，含氧量随着水深度的增加而降低，所以，趋磁细菌喜欢生活在水性环境的底部。它们用它们的磁性罗盘告诉它们哪个方向为下。那么它们如何做到这一点呢？这和地磁场的方向有关。在北半球，地磁场北极确实是以一定角度向下的，所以以上述方式排列的细菌体内的罗盘也是向下的，通过沿着地磁场的北极，它们向深水处移动，并进入贫氧区。到了 1975 年，科学家发现除了一些细菌里面含有微量的磁铁矿，一些生物、蜜蜂、鸽子、海豚等，身体里面都有铁或铁矿石。这些强

电与磁的世界

## 在无形中寻找力量

磁性物质含量虽然很少，但在一些生物的定向导航中起着非常重要的作用。

### 展望——生物磁学的未来发展

◆利用生物的磁效应，用磁化水浇灌稻谷

人体各部分产生的磁场与人体的生理状况有着密切的关系，心电图已经为心脏的治疗提供了直接的依据，而磁场相比电场，具有无接触干扰，能测量直流分量和高分辨率等优点。生物和人体磁性对于生命科学和分子生物学有了新的研究途径。对于鸽子的地磁导航，对于肌电假肢等仿生物学，或者生物合成有着重要的意义。研究和应用强磁场、极弱磁场和地磁场的生物效应，对于医学、农业、工业、科研、环境保护，以及宇航活动非常重要。不同的磁场，对于人体会产生不同程度的磁效应，而相关的机制原理还未能清楚掌握，对于这些，如何合理利用是非常重要的问题。目前，我国的科研机构，已经陆续不断地把各种磁场产生的磁效应应用到农业、牧业中去。总之，未来生物磁学是有着广泛的应用前景的。

### 拓展思考

请同学们仔细阅读本节，或者上网查找资料，思考以下的问题：

1. 请大家回答生物体内是怎么产生磁场的？磁场的强弱为多大？
2. 人体内磁场的来源主要有哪些？

电与磁的世界

# 衡阳雁去无留意
## ——生物的迁徙

地球是个富有生命力的星球，山川河流，生生不息。地磁场是地球的一种物理场，主要由于地球外核流体的运动，而流体中有大量的负电荷，所以地球也显示了磁场的性质。磁场也随时间和空间的变化而变化，只不过它的变化极其缓慢，往往被人类忽视。早在 8 世纪，中国唐朝天文学家

◆大雁迁徙

僧一行首先认识到地球有磁场，并测量了地磁偏角。地球上所有的动物植物都是生活在这个磁场中的，当然这个磁场对于生物的影响也是潜移默化的。那么动物植物的迁徙、小细菌定向游移，必然就是与地磁场的影响有关了。我们一起来看看生物的磁效应对迁徙的影响吧。

## "长途跋涉"的生物

目前已经知道，30％的鸟类，大约 50 亿只，每年要飞往南方过冬。鸟类每年都得飞很长的距离。它们既没地图、也没罗盘，每次却都能准确无误地飞到同一个地方。它们怎么知道往哪儿飞呢？在地球两端的极地有一种燕鸥，每年都从北极向南极的沿

◆燕鸥

岸一带飞去，一共要飞行 8 个月的时间。但是，北极和南极的气候几乎是一样的寒冷，那么为什么燕鸥要进行这种长途旅行呢？

電与磁的世界

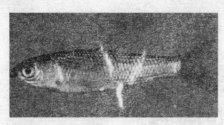

◆草鱼

◆夏威夷的绿蠵海龟

电
与
磁
的
世
界

鱼类的迁徙活动有一个专有名称叫"洄游"。大多数的鱼类可以说都是洄游鱼类，只有少数鱼类不表现出规律性的洄游。鱼类洄游按目的分为三种：生殖洄游、索饵洄游和越冬洄游。青鱼、草鱼、鲢鱼、鳙鱼、大、小黄鱼、大马哈鱼等都进行生殖洄游。

太平洋沿海一带的海龟每年都要在大洋里游 2000 多千米，到亚松森小岛上去下蛋。为什么到那么远的地方去，又是怎样判断的方向的呢？

昆虫的迁徙有时能创造奇迹，蚂蚁能准确无误地找到蚁穴，蜜蜂飞出去好几千米也还能回家，而人就是带上指南针也未必能做到这一点。最著名的是产于美洲的彩蝶王，它们春天从中美洲飞到加拿大，秋天又飞回中美洲，行程 4.5 万千米，历时几个月，真是令人惊叹不已。

## 生物体内的"指南针"？

◆紫翅椋鸟

地磁场在鸟类的迁徙中发挥着重要的作用，鸟类可以采用多种途径来记得自己的"故乡"。比方说，有些鸟类靠遗传的视觉记忆，一些鸟儿在异地被放飞以后，总是先会找到自己熟悉的海岸线，然后，就会迅速飞到自己的目的地。而一些鸟类是靠着天体导航，比如太阳，来识别方向。有科学家认为，紫翅椋鸟当受到激素刺激，进入迁徙状态后，只会在晴天才出现扇翅。在一个室内实验中，用镜子改变阳光光束方向时，紫翅椋鸟也会随之改变扇翅的方向。对于从未回家过的年幼的鸽子来说，它只使用磁导航进行定位。而对于成年的鸽子，太阳的定位只是起了一个辅助参考作用，如果在阴天等，它依旧能通过磁导航寻找到正确的方向。

磁定向一直是人们研究鸟类定向迁徙的重要领域。在 19 世纪的时候，就有科学家提出，鸟类是利用磁场信息导航的，科学家认为几乎所有鸟类都可以通过磁导航来确认方向。确实，地球磁场的方向是最为准确的导航系统。地球的磁场线可以确定南北方向，而在地球的不同地方，磁场的大小与倾角又都不相同，这样鸟类的感应器官就可以在地球磁场的影响利用空间中磁场的矢量方向和磁倾角辨别自己的方向。科学家发现，如果把鸟类置于人工模拟的地球磁场中，当磁场方向改变时，鸟类的定位就会发生混乱。到了秋天，园林莺在通过磁赤道后，方向立刻会从朝磁赤道东西方向转为朝磁极向南北方向，从而一直朝着自己的故乡飞去。很明显，磁赤道处的磁场就是园林莺定向改变的一个信号。

## "磁导航"的原理是什么？

在生物磁的来源中，其中一类是由于呼吸时吸入的强磁性粉末。而在鸟类的身体中，研究者发现，其筛骨处有大量的磁铁矿粉末。鸟类身体内的"小指南针"在外加强磁场的作用下可以获得并保持住磁场，因此它可以对外界磁场的变化作出反应。科学家专门使用间隔变化的强磁场改变了

◆飞翔的信鸽

小鸟身体内的"小指南针"的磁化状态，对三种鸟类实验后发现，它们的磁定向都被影响了，全都偏离了正确的迁徙方向，其中偏离角度最大的达到了 90 度。

有科学家在鸽子的头上加了一个可以改变环境磁场的电磁线圈。把两组鸽子的体内"小指南针"全部改变磁化状态。其中第一组，是

完全没有离开过家的小鸽子，而另外一组是多次送信的成年信鸽。发现第一组在磁定向改变后，无法正常定向到正确的方向。而多次回家的信鸽，却很容易找到回家的路，说明其他方面的导航也起了很大的作用。

拓展思考

请同学们仔细阅读本节，或者上网查找资料，思考以下的问题：
1. 生物为什么要迁徙，在迁徙中是如何确定方向的？
2. 查一查哪些生物会迁徙呢？

电与磁的世界

# 电磁风暴之来源
## ——太阳黑子

1989 年 3 月，太阳的表面上出现一个非常大的电子群，面积相当于十几个地球的那么大，结果造成了 39 次强烈的通信干扰，其中有 15 次通信部分中断，24 次全部中断。由于这次黑子群的太阳风暴到达了地球，引起了地球强烈的磁暴。加拿大魁北克省的大部分地区停电长达 9 个小时以上，600 万居民受到了影响，使得魁北克省的电力公司即时损失了 $1.94 \times 10^{10}$ 千瓦时的电力。

太阳黑子是怎么产生的呢？为什么会引起地球上强烈的电磁反应？让我们一起来读这一节的内容吧。

◆太阳黑子，左上角为放大图

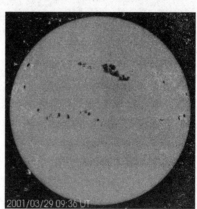

◆成群的太阳黑子

## 太阳黑子是什么？

太阳黑子是发生在太阳的光球层上的最基本、最明显的太阳活动。是太阳表面一种炽热气体的巨大漩涡，温度略低于太阳的表面温度 6000℃，大约为 4500℃，所以看上去像一些深暗色的斑点。太阳黑子很少单独出

电与磁的世界

现，常常是成群出现。黑子的活动周期为11.2年，活跃时会对地球的磁场产生影响，上一次太阳黑子活动高峰的时间是在2000年。一般会使地球南北极和赤道的大气环流作经向流动，从而造成恶劣天气，严重时会对各类电子产品和电器造成损害，对通信造成强烈的干扰。

## 广角镜——历史上太阳黑子的记录

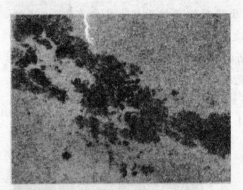

◆成群的太阳黑子

春秋时代就有"日中有三足乌"的记载，当时，人们不明白太阳中黑黑的是什么，就认为是黑色的乌鸦刚好飞到太阳前面。

到了东汉时期，著名的唯物主义哲学家王充在《论衡中》有一段话，就是对太阳黑子进行的描述："夫日者，天之火也，与地之火也，无以异也。地火之中无生物，天火之中何故有乌？"意思是说，太阳，实际上是天上的火，应该和地上的火一样。地上的火中不会有活的生物，那么天上的火中为什么有黑黑的乌鸦呢？实际上，这就是古代太阳黑子现象的一种描述与想象而已。

在公元前140年的《淮南子》中，就有"日中有踆乌"的记载。"踆乌"同样指的是太阳黑子的形象。

到了一百年后，《汉书》中也有"日黑居仄，大如弹丸"的记载，这是发生在公元前43年的太阳黑子记录。在《汉书·五行志》记载，西汉"河平元年……三月已未，日出黄，有黑气大如钱，居日中央。"意思是说，公元前28年，三月末，太阳刚刚升起，颜色微黄，在太阳的中间，有一团大如铜钱的黑气。这个记录详细叙述了黑子出现的时间和位置，这是现今世界上公认的最早的太阳黑子记录。

# 太阳黑子产生的原因

一般认为太阳黑子和其他活动都是由于热对流和各部分自转速度不同而形成的。可以设想在太阳上原来存在南、北两个磁极，在对流层里面行

电与磁的世界

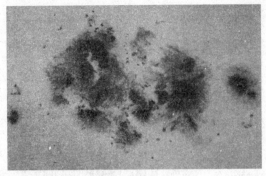

成的经向磁场。太阳物质的不同部位以不同转速运动，这称为较差自转，赤道附近自转较快，靠近极区转得较慢。于是"冻结"在太阳物质里的磁感应线就会逐步被拉长并环绕太阳，带有纬向成分。经多次缠绕之后纬向成分愈来愈强。磁场强度与磁感应线的密度成正比，在

◆太阳黑子的本影和半影

多次缠绕之后太阳物质里的磁场基本变成纬向而且强度大为增加。磁感应线之间互相有斥力，磁场加强时斥力愈来愈强。既然磁场"冻结"在太阳物质里面，磁感应线的斥力就给太阳物质加上一种膨胀压力，通常称为磁压。在太阳内部对流层内，由于不均匀性，各处的气体压力并不完全相同，如果某处磁压超过气压，这一团物质就会膨胀，结果会像水里的气泡一样受到上浮力的作用向表面升起，最后连磁感应线带物质都冒出太阳表面。在磁感应线集中穿过对流层顶部进入光球层的地方就会形成黑子。在磁感应线集中和穿入的部位形成的黑子分别为 N 极性和 S 极性。赤道两侧的磁感应线走向正好相反，所以在南半球和北半球形成的黑子对的极性也相反。

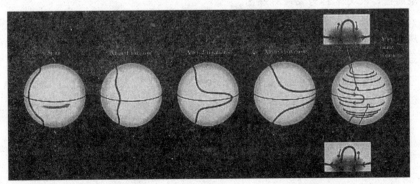

◆由左到右可见磁力线缠绕的情形，以及南北半球黑子的极性相反。

电与磁的世界

## 知识库——太阳黑子周期的起因

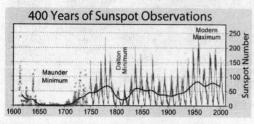

◆1600～2000 年所观测的太阳黑子的数量

科学家早已经证实，太阳黑子的活动是有周期性的，它的平均周期约为 11.2 年；而在大约 100 年以前，1904 年，英国天文学家爱德华·蒙德在这一研究领域又有了新的突破，他绘制出太阳黑子周期性变化示意图后，发现赫然呈现在纸上的竟是一只只翩翩起舞的"蝴蝶"。经过科学家们长时间的观察和研究，发现黑子出现的周期为 11 年左右。可是由 1640～1710 年的研究及记录，发现黑子的数目近乎零，这段时期称为蒙德极小期，而且发现太阳的能量输出率也比正常的少 0.04%。不仅黑子的数量发生变化，在一个太阳活动周期里，黑子出现的位置也会变化。开始在一个周期的起始出现的黑子位置往往在纬度约 30°至 35°之间，然后随黑子数增加，出现的位置向低纬度区发展。待到大部分黑子都出现在 10°至 20°纬度区时，黑子数就开始减少，最后黑子都出现在靠近太阳赤道附近，数量也减到最低。这时下周期的黑子就在高纬度区出现，而它们的极性却和即将结束的周期相反。黑子的纬度分布随时间的变化画在一张图上有点像蝴蝶的翅膀，被称为"蝴蝶图"。下图为 1900～1993 年的太阳黑子蝴蝶图，蒙德在 1904 年第一次建构此类型的图，故又常称为蒙德蝴蝶图。

如图可发现，太阳黑子周期开始时，黑子主要出现在南、北纬约 35°处，而在周期结束时，黑子通常出现在南、北纬约 5°处。黑子的分布不同周期间有微小的差异，而南、北日球的黑子分布也有相当的不对称性。

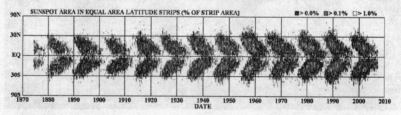

◆美国国家航空航天局马歇尔太空飞行中心的太阳小组绘制的太阳黑子的蝴蝶图

电与磁的世界

| 太阳黑子的周期 | | | | | | | | | |
|---|---|---|---|---|---|---|---|---|---|
| 极小 | 1901 年 7 月 | 1913 年 6 月 | 1923 年 6 月 | 1933 年 8 月 | 1944 年 2 月 | 1954 年 3 月 | 1964 年 7 月 | 1976 年 5 月 | 1986 年 8 月 | 1996 年 4 月 |
| 极大 | 1907 年 0 月 | 1917 年 6 月 | 1928 年 4 月 | 1937 年 4 月 | 1947 年 5 月 | 1957 年 9 月 | 1968 年 9 月 | 1979 年 9 月 | 1989 年 6 月 | 2000 年 6 月 |

# 太阳黑子对无线电通信的影响

　　大气层随着高度的增加，氧气逐渐稀薄，而氮气的含量逐渐增加。一般情况下，气体是不带电的。但是一旦有强大的能量，比如闪电，就会击穿空气，使空气电离。当太阳辐射出的高速粒子使空气电离时，会在空气中形成一个明显的电离层。电离层的存在，使得在大气中传播的无线电受到了阻碍，就像电磁屏蔽。如果手机电波的能量不大，它就会被电离层吸收掉。这样，对于通信会产生很大的影响。

## 名人介绍——英格兰的爱德华·蒙德

　　爱德华·沃尔特·蒙德（Edward Walter Maunder，1851～1928 年），是英格兰天文学家，出身于英国伦敦，就读于伦敦国王学院，但并未毕业。他在伦敦银行界找到一个工作来支持他项目研究的财务支出。爱德华是一位神职人员的儿子，所以，爱德华·蒙德也是一位备受尊敬的圣经学者。蒙德在格林尼治天文台的工作，其中包括了太阳黑子的摄影与量测，在进行摄影与量测的过程中，他发现太阳黑子出现于太阳的纬度变化是呈现规则的约 11 年的周期。1891 年后，在他第二任妻子安妮·史考特·蒂欧·蒙德（Annie Scott Dill Maunder，née Russell）的协助下，毕业于剑桥大学格顿学院的数学专业。她于 1890～1895 年工作于天文台，

◆爱德华·蒙德

担任“女性计算者”的职务。1904 年，他发表了他们的共同研究成果，以“蝴

电与磁的世界

◆月球上的蒙德月球陨石坑 Maunder
lunar crater，命名纪念蒙德夫妇的
贡献

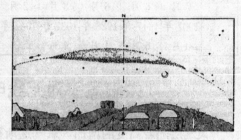

◆爱德华·蒙德观察到的奇异景象

电
与
磁
的
世
界

蝶图"来表示太阳黑子的周期变化。

他最著名的学术贡献即就是由于他在太阳黑子与太阳磁力周期上的研究，当时，科学家古斯塔夫·施波雷尔标示出 1400～1510 年为太阳黑子活动极少的期间之后。蒙德也想从天文台的档案中整理旧的观测纪录来确定是否有其他这样的期间。这个研究工作使他于 1893 年公布出他的研究成果，找到另一个太阳极小期，即是后来以他名字命名的"蒙德极小期"。

1882 年，蒙德观测到他认为的"极光光束"，这是当时还无法解释的现象，不过，根据后来的天文学家推测，它应该是早期夜光云与上正切晕弧的观测纪录。

拓展思考

请同学们仔细阅读本节，或者上网查找资料，思考以下的问题：
1. 什么是太阳黑子，产生的原因是什么？
2. 查一查太阳黑子对地球有何影响？

# 火树银花不夜天
## ——自然的极光

爱斯基摩人对着极光有着美丽的传说，认为那一道道闪光，是一个个精灵。不幸死亡的灵魂，整日居住在洞穴里，当极光来临的时候，就像火把一样，照亮了通往天国的通道。噼里啪啦的响声是年轻人在极光中相聚和跳舞。

极光是什么呢？它是怎么发生的呢？和电磁有什么关系？让我们一起来阅读这一节的内容吧。

◆阿拉斯加的极光

电与磁的世界

## 极光是怎么产生的？

由于太阳风带有高能带电粒子，这些粒子注入大气的时候，会撞击到该区域的氧原子和二氧化氮分子，从而会激发出绚丽多彩的发光现象，一般发生在南极或者北极，所以叫它为极光。

太阳最外层的大气日冕的温度高达 100℃，而普通太阳表面只有 6000℃，这样高温的日冕，携带着大量的离子与电子，也就

◆地球的磁感线方向

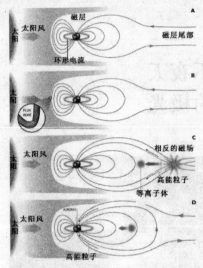

◆太阳风到达地球的过程

是等离子体带电粒子，其中还夹杂着电磁波，不断地以每秒数百千米的速度向外扩散。当这一束可以覆盖地球的强大的带电亚原子颗粒流在地球上空环绕地球流动，以大约每秒 400 千米的速度撞击地球磁场。在太阳向外辐射光和热等各种形式的能量时，其中有一种能量被称为"太阳风"。太阳风"刮"过地球时的速度这么大，但是给我们的感觉几乎没有任何影响。原因就是地球的磁场，是一个巨大的保护网，会使得绝大部分的太阳风发生偏转，从地球的两侧飞过，而在地球周围形成了相对平静的区域，没有大量的宇宙射线和太阳的高能粒子电磁辐射，这个空间就被称为"磁层"。当太阳风吹过地球的时候，磁层就会被挤压。地球磁场两端的磁感线形状很像漏斗，因此太阳发出的带电粒子沿着地磁场这个"漏斗"沉降，进入地球的两极地区。两极的高层大气，受到太阳风的轰击后会发出光芒，形成极光。

当有越来越多的能量进入地球的时候，地球向着太阳的那一侧的磁层厚度就会越来越薄。不过，不要担心，这不会一直进行下去，否则地球向阳一侧的磁场就会完全消失。当然一旦这一情况发生，地球上的人们就会失去地球磁层的保护，人类就会暴露在宇宙射线中。当然假设的这一切从未发生过。

一般在磁场能量积蓄了几个小时之后，极光亚暴就会产生了。在南极地区形成的叫南极光。在北极地区形成的叫北极光。

图 A：地球的磁场或者磁层保护着地球免受太阳风的侵扰，因此太阳风通常会从地球旁穿过。

图 B：但是当太阳风中的磁场和地球磁场正好相反的时候，两股磁场就会联接，并且形成扭曲的"磁感应线"。这使得高能粒子可以进入磁层。

图 C：太阳风会把磁感应线和磁场拖入地球的背阳侧。最终不堪重负的磁尾就会断裂，进而发生重联，类似磁场"短路"。这就会触发亚暴、加速粒子并且产生强磁波。断裂的磁尾也会向地球输送高温等离子体。

图 D：但是这些扰动是如何在一分钟之内引发极光的，目前还不清楚。

### 小书屋

#### 极光的名字

在中国古代，古书中不少地方提到极光，它的名字有很多，比如，烛龙、长庚、蒙星、归邪、天开眼、含誉星、蚩尤旗、枉矢、天剑、格泽。

## 万花筒——极光古老的传说

相传在五千多年前，随着夕阳西下，夜色已将它黑色的翅膀张开在神州大地上，把山川河流等等一切美景都染上了黑黛。一个名叫附宝的年轻女子，独自在这美景之前，深深地被这里的美丽、静怡吸引住了。夜空的黑暗让一切都充满了神秘，天空中繁星点点，像一群孩子的眼睛，想要知道将要发生什么，静静地俯瞰着大地。突然在天空中，出现了一缕的神奇的闪光，如烟似雾，摇曳不定，时动时静，像行云流水，最后化成一个硕大无比的光环，萦绕在北斗星的周围，整个大地都被涂上了一片淡银色的光华，一切都美不胜收。附宝看到这番情景，感觉好似神仙下凡，至此，便身怀六甲，生下了个儿子，这男孩就是黄帝轩辕氏。

## 极光的分类

◆匀光弧极光

◆射线式光柱极光

电与磁的世界

◆射线式光弧光带极光

◆帘幕状极光

极光按形态可分为：

匀光弧极光，射线式光柱极光，射线式光弧光带极光，帘幕状极光和极光冕。

按观测的电磁波波段分为：光学极光和无线电极光；按激发粒子类型可分为：电子极光和质子极光；按发生区域可分为：极光带极光，极盖极

◆极光冕

光和中纬极光红弧。

电 与 磁 的 世 界

## 极光亚暴

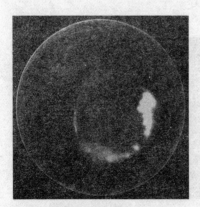

◆卫星上拍得的极光照片

当极光亚暴在地球的磁层中出现的时候，释放的能量相当于几百万吨的 TNT炸药，会产生强烈的效果。地球磁场会发生扭动，环绕地球磁层的环绕电流也会跟着剧烈震动，紧接着极光就会覆盖天空，并且大幅度地增亮，增亮成百上千倍对于极光来说并不是什么罕见的事情。强烈的极光在整个卵圆内活动，可以长达三个小时，整个过程我们可以把它叫做极光亚暴。日本的地球物理研究所所长赤祖父俊

一在1964年最先建立了极光亚暴的模型，包括开始、增长、膨胀、恢复和结束五个阶段。一般当夜晚来临后，在南极或北极地区，突然看到帘幕状的极光突然增亮，说明亚暴就开始了。慢慢的，卵圆不断的向西涌动，形成各种形状的极光

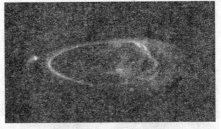

◆木星上的极光

之后，极光慢慢平静下来，贯穿整个天空。高能带电粒子撞击到该地区氮原子，就会产生红色的极光，而氧原子主要产生的是绿色的极光，氩会发出蓝色的光。在地球大气中，氧气和氮气是主要的气体，所以，极光的主要颜色是红、绿两色。在木星上，由于原子的不同，还会有其他颜色的极光。

## 广角镜——色彩斑斓的霓虹灯

极光主要是由于高能粒子流对空气的放电产生的，这一原理，早就应用到人们的日常生活中了。大家知道霓虹灯是五颜六色的，其实就是因为里面充了不同类型的气体。当外电源电路接通后，变压器输出端就会产生几千伏甚至上万伏的高压。当高压加到霓虹灯管两端电极上时，会产生大量高速的电子，并与灯管内的气体原子发生碰撞。在X射线那一节，给大家讲述过原子中的能级跃迁。高速的

◆霓虹灯

电子与不同的气体原子之间的碰撞，不同的气体原子能级差是不一样的，这个能量就以光子的形式发射出来，所以不同的气体就会产生不同颜色的光。和极光一样，氩气会产生蓝色的光芒，氮气是绿色的光芒。不过，灯泡不会选择氧气，否则灯泡的金属灯丝会被氧化，烧坏。

电与磁的世界

### 名人介绍——美籍日本人赤祖父俊一

◆赤祖父俊一

赤祖父俊一教授，阿拉斯加大学费班克分校地球物理学者。他是极光、极地环境、日地关系与全球变迁等研究的祖父级权威人物。他在1961年于美国阿拉斯加大学费尔班克斯分校取得地球物理博士学位；1964年起留该校任职；1986～1999年间担任该校地球物理研究所所长；1998年创立国际北极圈研究中心并担任首位中心主任。直到2007年，才从该校退休，国际北极圈研究中心为荣耀其功绩而将中心主建筑以赤祖父俊一教授之名来命名。从1958年开始进行极光研究至今，赤祖父俊一教授曾发表550余篇与极光相关的研究论文。

　　赤祖父俊一等提出下列模型来描述极光发电机过程。当太阳风的磁感应线抵达地球的磁层边界时，它们与地磁场的磁感应线相互作用，彼此交联。由于太阳风是沿着磁层边界面吹动的，故穿过彼此交联的场线，即相当于太阳风中的自由电子和质子所构成的导体在磁场中运动，这一过程就形成了一个发电机。

　　极光发电机所产生的放电过程将是如此进行的：由磁层边界层的早晨侧正极，经过地球极光区的晨侧边界，然后很可能是沿着极光椭圆，最后从极光区黄昏侧边界出来抵达磁层边界层的黄昏侧。它是从极光椭圆晨侧部分的赤道通过向边界放电回到磁层，以及从磁层向极光椭圆黄昏侧部分的赤道向边界放电。于是，在北极的晨侧和晚侧有一对电流，一个沿磁感应线流动的电流是向下流向电离层，另一个沿磁感应线流动的电流是向上流出电离层。沿磁感应线流动的电流称之为场向电流。向下流动的电子激发了离子和分子，将能量贮存在高层大气中，其中一些以可见光的形式释放出来，这就是极光。

请同学们仔细阅读本节，或者上网查找资料，思考以下的问题：

1. 极光是什么，是如何产生的？

2. 查一查极光还有哪些奥秘值得人类进一步探索。

电 与 磁 的 世 界

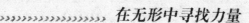 

# 神奇的人造极光
## ——辉光球

电与磁的世界

◆辉光球

人造极光，很多人听了都说不可能，可是当你看到美丽的事实确实发生在眼前的时候，就会被它所震撼。现在很多科技馆里面已经有了辉光球，很多孩子看见它如同着迷了一般。辉光球又称为电离子魔幻球。它所发出的光是一些辐射状的浅紫色辉光，绚丽多彩，光芒四射，在黑暗中非常好看。而且手指到哪里，光就飞到哪里，变得更加美丽而神奇。

这是为什么呢？我们一起读这一节的内容吧。

## 辉光球的原理

在极光那一节，我们已经知道，通常空气是不导电的。但是如果加热电极间的空气，或者用带电粒子的射线照射空气，还可以用高电压加在空气两段，那么就会产生放电现象。不同的气体在放电时产生不同频率的光，也就会产生不同颜色。一般我们都使用惰性气体，也就是不容易和其他物质发生反应的气体，性质很稳定的气体来放电，比如氩气、氖气、氦气、氙气等。

◆辉光球

◆辉光随着手指的移动而飞舞

它的外观为直径约 15 厘米的高强度玻璃球壳，球内充有稀薄的惰性气体等，玻璃球中央有一个黑色球状电极。球的底部有一块振荡电路板，通过电源变换器，将 12 伏低压直流电转变为高压高频电压加在电极上。通电后，振荡电路产生高频电压电场，球内稀薄气体受到高频电场的电离作用而光芒四射，产生神秘色彩。由于电极上电压很高，故所发生的光是一些辐射状的辉光，绚丽多彩，光芒四射，在黑暗中非常好看。

◆辉光球底座中有一个振荡电路

辉光球工作时，在球中央的电极周围形成一个类似于点电荷的场。当人用手触及球时，球周围的电场、电势分布不再均匀对称。人体相当于一个电极，电极间会形成较强的放电通道，故辉光在手指的周围处变得更为明亮，产生的弧线顺着手的触摸移动而游动扭曲，随手指移动起舞。

电与磁的世界

## 观察——气体放电的颜色

电与磁的世界

　　放电按照强弱，可分为暗放电、辉光放电、电弧放电。很多同学会有疑问，为什么空气会导电呢。我们知道，原子都是有带正电的原子核和带负电的电子组成的，空气中的原子也不例外，那么加了高压以后，电能的能量非常大，中性分子的电子就被能量"赶"出轨道，这样，原来的原子就变成带正电了，周围还有一些带负电的电子。这个过程，空气就被电离了。这些带电粒子在电场的作用下，分别向阴极和阳极移动，就形成了电流，我们就看到了这个电弧，这就是电弧放电。同时，气体原子所得到的能量很不稳定，多余的能量就以光的形式释放出来，是辉光放电。充入的气体

◆辉光球

不同，颜色就不相同。充入氖气呈现红色；充入氦气发出黄色光；充入氩气，呈鲜蓝色；充入氙气，呈蓝灰色；充入氮气，呈淡紫色；充入氩和氖气，呈现粉红色；充入氖气和少量汞，呈淡蓝色；充入氦气和少量汞，呈纯蓝色等。都市霓虹灯的颜色不仅由管内充入的气体决定，而且还和管壁的颜色有关，如果将玻璃管涂上各种透明颜色，就会使灯发出更多种鲜艳的彩光；如在黄色玻璃管内充氖气，呈橘黄色；充入氦气，呈黄色；充入氖气和氩气及少量汞，呈绿色；在蓝色

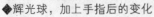
◆辉光球，加上手指后的变化

的玻璃管内充氖气，呈紫色等。展台的辉光球虽然是高频高压的电场，但是因为电流非常小，所以手指摸上去没有任何的危险。

拓展思考

请同学们仔细阅读本节，或者上网查找资料，思考以下的问题：

1. 辉光球是怎样产生各种颜色的光的？
2. 为什么使用辉光球不会触电呢？

电
与
磁
的
世
界

# 新一代电磁的科技

## ——现代的电磁应用

　　科幻片中的武器，很多已经在现实中成为可能。激光武器早已研制成功，并投入使用，不同的功率又有不同的功能，可以干扰敌人的传感器，可以摧毁遥远的目标。大功率的电磁波束会在一瞬间发出最强的能量，并以光速扩散，因此在其影响范围内的任何未加保护的电子设备，通过吸收空气中的电磁脉冲能量，将很快达到熔点，电气设备和电子系统将失灵，甚至烧毁。还有已经问世的磁悬浮列车，未来的电磁传输电能，很多先进的现代的理论都是离不开电磁学的，电磁学还是遥感技术的基础。

　　让我们一起来阅读这一篇的内容吧。

◆遥感技术——沙尘暴

# 早有列车立上头
## ——磁浮列车

　　上海磁浮列车，最高时速为430千米每小时，全程30千米仅需8分钟，而F1赛车的最高速度仅为350千米每小时。据说在2002年年底的发车仪式上，中德两国时任总理亲临乘坐；还听说，F1赛车手巴顿、小舒马赫也趁短短的一

◆上海的磁浮列车

天访问专程前往体验"零高度飞行"。坐在上面，短短的八分钟，感觉时间稍纵即逝，还未醒悟，就到达了终点。

　　让我们一起来阅读这一节的内容吧。

## 磁浮列车的原理

　　电磁悬浮是对车载的悬浮电磁铁励磁而产生可控制的电磁场，电磁铁与轨道上长定子直线电机定子铁芯相互吸引，将列车向上吸起，并通过控制悬浮励磁电流来保证稳定的悬浮间隙。电磁铁与轨道之间的悬浮间隙一般控制在8～12毫米。由于其轨道的磁力使之悬浮在空中，行走时不需接触轨道，因此只有空气的阻力。

　　磁悬浮列车又分常导吸引型和超导排斥型两大类。磁悬浮列车的

◆上海的磁浮列车

电与磁的世界

最高速度可以达每小时 500 千米以上，比高速列车的 300 多千米每小时还要快，因此可成为航空的竞争对手。

所以，我们把磁浮列车还叫做"零高度飞行"。

◆上海的磁浮列车车厢内景

## 介绍——磁浮列车的结构

◆磁浮列车内部结构图

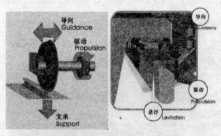

◆传统导轨和电磁导轨结构示意图

电与磁的世界

高速磁浮铁路系统主要由线路、车辆、供电、运行控制系统等四个部分构成。线圈里流动的交流电，能将线圈变成电磁铁，由于它与列车上的电磁铁的相互作用，使列车开动。

列车头部的电磁铁 N 极被安装在靠前一点的轨道上的电磁铁 S 极所吸引，同时又被安装在轨道上稍后一点的电磁铁 N 极所排斥。列车前进时，线圈里流动的电流方向就反过来，即原来的 S 极变成 N 极，N 极变成 S 极。循环交替，列车就向前奔驰。

磁浮列车的"铁轨"即线路主要是用来引导列车前进方向，同时承受列车荷载并将这个力传至地基。线路上部分的结构为用于联结长定子的精密焊接的钢结构或钢筋混凝土结构的支撑梁，下部结构为钢筋混凝土支墩和基础。

车厢是高速磁浮客运系统中最重要的部分，包括悬浮架和其上安装的电磁铁、二次悬挂系统和车厢。此外还有车载蓄电池、应急制动系统和悬浮控制系统等电气设备。

供电：供电系统包括变电站、沿路供电电缆、开关站和其他供电设备。磁浮列车供电系统通过给地面长定子线圈供电提供列车运行所需的电能。

运行控制系统：运行控制系统是整个磁浮交通系统正常运转的根本保障。它包括所有安全保护、控制、执行和计划的设备，还包括设备之间相互通信的设备。运行控制系统由运行控制中心、通信系统、分散控制系统和车载控制系统组成。

◆上海磁浮列车

## 小资料：磁浮列车的历史

磁悬浮技术的研究源于德国。还是在1922年的时候，德国工程师赫尔曼·肯佩尔就提出了电磁悬浮原理，并于1934年申请了磁悬浮列车的专利。1970年代以后，随着世界工业化国家经济实力的不断加强，为提高交通运输能力以适应其经济发展的需要，德国、日本、美国、加拿大、法国、英国等发达国家相继开始筹划进行磁悬浮运输系统的开发。

而美国和前苏联则分别在20世纪70年代、80年代放弃了这项研究计划，目前只有德国、日本、中国仍在继续进行磁悬浮系统的研究，并均取得了令世人

◆运行于西门子试验段的磁悬浮列车

◆日本爱知博览会展出的JR磁浮MLX01—1实验车

电与磁的世界

◆磁悬浮列车

◆因为同性磁极的斥力而浮起的热解碳

电与磁的世界

瞩目的进展。日本现在的山梨县试验线使用低温超导磁铁，可容纳更大的缝隙，该线列车的最高速度达每小时 580 公里，成为世界纪录。

2000 年，中国西南交通大学磁悬浮列车与磁浮技术研究所研制成功世界首辆高温超导载人磁悬浮实验车。德国的公司于 2001 年于中国上海浦东国际机场至地铁龙阳路站兴建磁悬浮列车系统，并于 2002 年正式启用。

2003 年，四川成都青山磁悬浮列车线完工，该磁悬浮试验轨道长 420 米，主要针对观光游客，票价低于出租车费。2006 年 4 月 30 日，中国第一辆具有自主知识产权的中低速磁悬浮列车，在四川成都青城山一个试验基地成功经过室外实地运行联合试验。利用常导电磁悬浮推动。2005 年 5 月，中国自行研制的"中华 06 号"吊轨永磁悬浮列车于大连亮相，速度可达每小时 400 千米。

## 动动手——做磁悬浮的实验

我们一起来做一个常导型磁悬浮吧。

要准备的东西有：环形磁铁 1 块、薄磁铁 1 块、木板一块、螺钉 1 只、铁丝、棉线、硬卡纸、胶水、图钉、尖头钳、剪刀、螺丝刀等等。

首先，将 2 张白卡纸对折，贴上半只蝴蝶图样，沿线剪下，展开即成蝴蝶，

◆纸蝴蝶图案参考样

◆磁悬浮小实验

电与磁的世界

可涂上自己喜欢的颜色。然后，在 2 只蝴蝶间夹上棉线和薄磁铁 s 极朝上。之后，用尖头钳弯成一根铁丝支架，一端固定在木板上，另一端吸上一块环形磁铁 N 极朝下。最后，将蝴蝶的棉线用图钉固定在木板上，并调整好蝴蝶与磁铁间的距离，蝴蝶就悬浮在空中。

磁悬浮就是运用磁体"同性相斥，异性相吸"的性质，让磁铁具有抗拒地心引力的能力而悬浮起来，即"磁性悬浮"。本活动中的两个实验就运用了这一原理。由于蝴蝶被棉线固定在木板上，棉线的拉力和磁铁的吸力平衡时，蝴蝶悬浮在空中。常导型磁悬浮列车也是利用这个简单的原理，把列车给吸起来，让列车与地面间有间隙的。

拓展思考

请同学们仔细阅读本节，或者上网查找资料，思考以下的问题：

1. 磁悬浮列车分为哪两类？原理是什么？

2. 我国现在有哪些磁悬浮列车？速度是多少？

# 力大无穷的电磁
## ——电磁炮

◆德国的电磁轨道炮

电与磁的世界

　　估计很多同学已经在动画片上或者科技军事上听说过电磁炮的名字。还是在 20 世纪 80 年代电磁轨道炮的概念一经提出，世界各国都十分关注，特别是美国等发达国家更是投巨资对其进行研制。电磁发射领域是一个全新的武器系统，它在发射机理、工作环境以及工作特点等方面与传统的以火药为能源的火炮系统有着根本的不同，电磁炮是以电磁力发射超高速弹丸来摧毁目标的高能武器。

　　大家一起来阅读这一节的内容吧。

## 电磁炮

◆德国的电磁炮

　　电磁炮的英文名字叫做 Rail Gun（磁轨炮），或者是 Electromagnetic Gun（电磁炮）。它与传统的火炮相比有根本性区别，传统的火炮是利用火药燃烧产生的燃气压力，推动其中的炮弹来进行发射的。而电磁炮是利用电磁力作用，将炮弹发射出去。这样，可大大提高炮弹的速度和射程，理论上可以达到光速，当然在实际上是不可能的。所以，电磁炮出现后，引起了世界各国军事家们的关注。

按照结构的不同，电磁炮可分为轨道电磁炮、同轴线圈炮和磁感应线重接炮三种。在我们阅读的这一节内容中，我们主要讲述轨道电磁炮。

轨道电磁炮是由在两条平行联接着大电流源的固定导轨，我们可以从德国的电磁炮底部清晰地看到这一点，还有一个与导轨保持良好电接触、能够沿着导轨轴线方向滑动的电

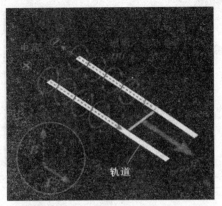

◆电磁炮轨道原理图

枢组成，如上图所示。当接通电源时，电流沿着一条导轨流经电枢，再由另一条导轨流回，从而构成闭合回路。强大的电流流经两平行导轨时，在两导轨之间产生强大的磁场，该磁场与流经电枢的电流相互作用，产生强大的力，该力推动电枢和置于电枢前面的弹丸沿着导轨加速运动，从而获得炮弹的超高速度。其实这个图，大家看看是不是和电动机的原理图有点类似。原理是一样的，只不过电动机是移动了线圈，而这里是通过磁场力移动了炮弹。

别因为原理简单，就小看了它。对于它的相关研究相当多，投入的资金也非常巨大。比如说研究电磁炮的合理结构与尺寸，储能电容的储能密度与寿命，电磁炮发射大质量物体的可行性与效率等等。

### 链接——美国海军试射电磁炮

2008 年 1 月 31 日上午 8 时 44 分，美国弗吉尼亚州达尔格伦的海军水面作战中心的电磁轨道炮发射了一枚铝弹。这是海军研究的 EMRG 计划署是海军的科学和技术投资部的一部分，用来以新技术支持发展海军和海军陆战队战争作战。海军作战部长加里·拉夫黑德和海军研究局局长威廉·兰迪，在达尔格伦的海军水面作战研究中心观看了这次试射的实况转播。在经过大约 4 分钟之后，铝弹以每秒 2500 米飞出电磁炮的轨道，随后击中目标。

电与磁的世界

◆试射电磁炮

◆击中目标的瞬间

◆击中目标的瞬间

◆击中目标的瞬间

电与磁的世界

　　拉夫黑德认为电磁炮是海军战争的革命。他指出海军采用这种武器为时尚早，但是他指出，电磁炮对于海军的重要意义在于"海军从未忽略过新的重大发明"。电磁炮是以电而不是以火药为动力的。炮弹飞出电磁轨道，并在大气层内飞行1分钟，然后飞出大气层并在大气层外飞行4分钟，最后在1分钟内落向地球击中目标。这种炮弹使用全球卫星定位系统制导。

　　威廉·兰迪在试射之后对记者说，传统的火力保护和弹药填充方式对于电磁炮来说都是不必要的。电磁炮有可能改变海军对于海上炮战的传统思维。海军计划在2020年到2025年之间在下一代CGX巡洋舰上安装电磁炮。海军陆战队对于电磁炮也非常感兴趣，因为电磁炮可以在海上提供高速超视距火力支援。美国陆军也在研发较小型的电磁炮用于陆战。

**动手做一做**

　　如果同学们对这个电磁炮的发射情况感兴趣，可以去这个网址看发射情况的视频。不过，注意这是国外的网站，网速不好的话，可能打不开哦。

 拓展思考

请同学们仔细阅读本节，或者上网查找资料，思考以下的问题：

1. 了解一下电磁炮的历史、工作原理及发展前景。
2. 自己动手试试，制作一个电磁炮模型。

电与磁的世界

# 两次大战的战神
## ——磁性水雷

◆wz.08/3 接触式水雷

1939年9月，德国在英国泰晤士河口的海中投布了一种水雷。英国海军扫雷舰艇听说德国空军投雷之后，立即出动使用各种新安装的切割扫雷工具连扫了多遍，却连一枚也扫不出来。之后，大意的英国水上战舰通过泰晤士河口的海区时，水雷竟接二连三地爆炸，总共被击沉了17艘舰船。这下，英国的丘吉尔首相下达了紧急命令：立即搞清这些新奇水雷的秘密。直到后来，有个德国空军把这个水雷误投到浅滩，又过了两个月，这个水雷被英国发现，分解了以后，才明白为什么。

想知道吗？一起来读这节的内容吧。

## 磁性水雷

磁性水雷是水中兵器，是水雷中的一种类型，它是一种非触发水雷，是利用非触发引信起爆，不需要与敌方舰船相撞。磁性水雷是最早诞生的一种非触发水雷。不知道大家还记不记得电影《地道战》里面，他们当时设计的地雷，都是敌人一踩住才会爆炸。可是如果是海里的水雷，军舰在水上漂着，很难接触到沉在海底的水雷，怎么样才能有效地攻击敌人呢。二战中，磁性水雷就产生了。磁性水雷装有磁针引信，可感应一定距离内通过的舰船所形成的磁场。导体在磁场中运动，上面会产生感应电流，当然，如果是运动的磁场，那么同样导体中也会有电流产生。因为海洋上航行的舰船大都是用钢铁制造的，犹如一浮动的"大磁铁"，从水面上漂过。这样，磁性水雷的引信就会有电流，电流通过电雷管，之后就会起爆。

那么为什么军舰会有磁性呢？因为军舰的主要制造材料是钢铁。钢铁舰船在建造时，构成船体的钢板和其他铁块很容易被地球的磁场逐渐磁化，在地球磁场的长期磁化和机器运

◀二战中水雷爆炸

转、海浪拍打等内外力作用下，其磁性还会不断积累，逐渐变成一个"大磁铁"。

## 链接：超市里的防盗系统

现在超市里面一般有防盗的"门"，也是利用相同的原理来制作的。那个检查门是由一个发射器和一个接收器构成，宽度为 $0.9\sim1.5$ 米。一般衣服上被加的那个圆圆的东西是硬标签，可反复使用，适用于衣服、鞋子、针织品等。还有商品上的电子标签，都是磁性的。假如它们被拿到出口处，防盗门检测到变化的磁场，其中的感应器就会有变化的电流，防盗系统

◆超市防盗系统的检查门

◆电子硬标签和超市解码器

就会发出警报。所以，一般衣服类的商品，到了超市门口，需要解码才能出去，那个东西叫做硬标签开锁器。而其他类的商品，上面贴有电子软标签，在结账的时候，结账的地方有解

电与磁的世界

码板，可以使电子软标签会被消磁。所以，正常结账通过的商品，是不会引起警铃响起的。

## 军舰消磁

◆舰艇消磁装置

◆我国海军 170 号导弹驱逐舰正在进行消磁作业

了解了磁性水雷以后，同学肯定会想，岂不是军舰一到了已经布置了磁性水雷的地方都很危险。魔高一尺，道高一丈。安全肯定是最重要的，有了磁性水雷，自然有对抗它的办法，这就是军舰消磁。

现在的舰艇主要采用以下两种消磁方法：临时线圈消磁法和固定绕组消磁法。临时线圈消磁法通常是在一般在零磁空间等专用场地进行，即在被消磁的舰船上临时绕上若干个线圈，计算机分析磁探仪、传感器等数据，通以相应的电流，由此消去舰船的固定磁性，直到剩余的磁场值符合消磁标准。现在我国的技术可以达到一艘船的磁性和一根针的磁性差不多。

固定绕组消磁法则是在舰艇内部设置若干组固定线圈，借助于消磁电流整流器，在固定线圈中产生会随航向和海区变化的消磁电流，由此补偿掉舰艇的感应磁性。固定绕组可随时消除舰艇的感应磁性磁场，使舰艇的剩余磁场很小且能保持稳定。

使用消磁船进行消磁作业时，对消磁场地有较为严格的要求：水深足够、海底平坦、海流较小、风力不大，且周围海域无大量的磁性物质；一般情况下，还要在这种消磁场内设置若干个浮筒，以保证被消磁舰艇进入消磁场地后，能够定位于主磁方向。

水面舰艇经过消磁处理后处于低磁状态，因而大大减少了遭受磁性水雷的威胁，提高了它们进出基地、港口以及海区活动的安全性。所以，潜艇经过消磁处理后，可以有效地防止磁性探测、增加了隐蔽性和安全性。

◆中国海军最新型护卫舰消磁中

### 开心驿站

#### 在生活中有什么方法可以消除磁性？

消除磁性的方法有高温法和交流线圈消磁的方法，就和舰艇消磁是一样的。一般在生活中我们可以使用高温消磁法。把磁化了的钢针，放到液化气上或者煤气上烧一下，铁的温度到达700℃的时候，就到了它的磁性居里点，这样就会丧失磁性了。

### 小资料：为磁消得人憔悴——军舰消磁

现在是和平年代，为什么军舰还要定期消磁呢？那是因为，军舰消磁不仅仅是为了防止磁性水雷的引爆。而且更重要的是为了磁性导航的精准和仪器设备的抗干扰，武装设备的抗干扰性。我们知道指南针，如果周围有磁铁的话，那么它指示的方向肯定就不准了，这在航海中是非常危险的事情。有人认为，现在都用GPS呢，谁还用指南针啊。不过，很多卫星都是美国控制的，一旦发

◆舰艇室内部的仪表

生战争，中国很多东西都要被限制了。不过，美国人肯定不能把地球的磁场也关

电与磁的世界

了吧，咱还是得靠老祖宗的指南针呢。另外，我们知道，许多仪器的测量都是靠着磁性，就连最基本的电压表和电流表都是因为里面磁性线圈转动来指示读数的，如果周围有较大的磁性干扰，这些仪表的示数就会不准确，对于航海会有很大的影响。所以，不仅仅舰艇要消磁，飞机也要定期消磁呢。

◆舰艇室内部的仪表盘和方向盘

电与磁的世界

拓展思考

请同学们仔细阅读本节，或者上网查找资料，思考以下的问题：
1. 军舰接近磁性水雷会引起水雷爆炸，它的原理是什么？
2. 军舰航行一段时间后为什么会有磁性，又为什么要消磁，？

# 两处茫茫皆不见
## ——隐形飞机

　　隐形飞机真的能隐形吗？这里指的是逃过雷达的"眼睛"。现在各国竞相研发隐形飞机，可见它是多么重要。徐光裕将军在军情观察室中提到过，在雷达上显示的一些鸟，竟然以每秒几百米高速运动，这不是飞机这是什么？这不是美国的F22—隐形飞机又是什么？各国为了让飞机在雷达上的显示消除，手段可谓五花八门。

◆美国F22猛禽隐身战斗机

　　让我们一起来读一下这一节的内容吧。

电与磁的世界

## 从雷达说起

◆雷达

　　雷达是利用电磁波探测目标的电子设备。人类设计雷达，还是跟着蝙蝠学的。蝙蝠靠声波探路和捕食。它们发出人类听不见的声波。当这声波遇到物体时，会像回声一样返回来，由此蝙蝠就能辨别出这个物体是移动的还是静止的，以及离它有多远。雷达设备的发射机通过天线把电磁波能量射向空间某一方向，处在此方向上的物体反射碰到的电磁波；雷达天线接收此反射波，送至接收设备进行处理，提取有关该物体的某些信息，如目标物体至雷达的距离，距离变化率或径向速度、方位、高度等等。过去的雷达探测手段非常单一，现代的雷达的探测器的电磁波包括红外线、紫外线、激光以及与其他光学探测手段合作来探测，同时还具有高灵敏度、隐身与反隐身、自动目标识别、敌我识别、高可靠性等特点。

# 隐形飞机

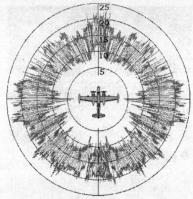

◆雷达波的截面积即 RCS（Radar Cross Section），衡量一个物体将信号反射到雷达信号接收装置的能力。截面积愈大，表示在该方向上反射的信号强度愈大，也就愈容易被发现。

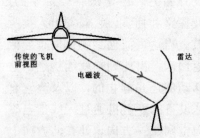

◆传统的飞机容易被雷达发现

隐形飞机如果想要躲过雷达的探测，最重要的两种技术是形状和材料。同学们在初中的时候，就学过镜面反射和漫反射。

一般飞机的结构都是圆形的机身、超大的平面机翼以及垂直的尾翼，三者之间界限分明，根据电磁波所遵循的传播规律，当电磁波入射到物体的直角表面处，容易形成多次反射，而产生角反应器效应，反射回来很强的电磁波。

所以为了不被雷达的发现而隐形，隐形飞机改变了外形结构，尽最大努力减少飞机上雷达波的强反射面，在结构上不用一般飞机的常规设计方案，消除了机身与机翼、水平尾翼与垂直尾翼、机身与武器仓、机身与副油箱之间形成的接近于90°的角；采用多面、多锥体和飞翼式布置及燕尾型尾翼的设计，把机身与机翼融为一体；再通过内装发动机和油箱等方式，将机身的凸出部分尽可能地减小，使飞机线条平滑，以消除角反射器效应。这样无论雷达波从哪个角度射来，都能够将其大部分能量散射掉，从而使发射雷达波的截面积尽可能地减小，即使雷达发射来的信号，全部散射出去并偏离力图接收它的雷

电与磁的世界

达的方向。还有为达到隐形目的，需要尽量减少翼面，有的连水平尾翼和垂直尾翼都取消了，这样就必须采用电传操纵系统等先进技术，才能解决飞机的纵向和横向安定性、操纵性等问题。

隐形飞机除了改变外形结构，还使用隐形材料制造机身的外壳，以增强对雷达波的吸收或透射能力。材料一般采用非金属材料或雷达吸波材料，雷达波遇到隐形材料后，或被吸收，或透过，几乎完全没有反射，从而使搜索雷达"致盲"。

结构型隐形材料一般为重量轻、强度高、韧性好、具有优良的雷达波吸收能力的纤维增强树脂复合材料，属于这类材料的还有碳化硅丝增强铝、碳—碳复合材料等。这些材料内部均为不规则多孔质的松散结构，无论接收到的是雷达波、红外线还是激光，都会在材料中的蜂窝状结构内产生反复振荡，从而将波的能量转化成热能散发到空中。涂料型隐形材料为铁氧体、金属和金属氧化物超细粉末组成的涂料，当雷达波与其相遇时，通过磁、电、光及活化面积等物理性能的变化，使磁损失加大，起到吸收波、透过波和使波偏振等作用。隐形飞机在雷达上反射的能量几乎能够做到和一只鸟的反射能量相同，仅仅通过雷达就想分辨出隐形飞机是非常困难的。

◆美国 F22 猛禽隐身战斗机

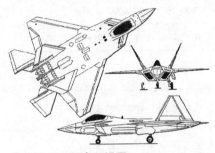

◆美国 F22 猛禽三视图

◆美国 F22 猛禽导弹挂载图

电与磁的世界

## 广角镜——隐形飞机 F—117 夜鹰战斗机

### 夜鹰小档案

| 类型 | 隐身攻击机 | 长度 | 20.09 米 |
|---|---|---|---|
| 乘员 | 1 人 | 翼展 | 13.20 米 |
| 首飞 | 1981 年 6 月 18 日 | 高度 | 3.78 米 |
| 服役 | 1983 年 10 月 | 翼面积 | 73 平方米 |
| 退役 | 2008 年 4 月 22 日 | 空重 | 13,380 千克 |
| 生产 | 洛克希德·马丁 | 负载重量 | 23,814 千克 |
| 产量 | 59 架 | 发动机 | 2 具通用电气 F404—F1D2 涡扇发动机 |
| 单位造价 | 4260 万美元 | 推力 | $4.8×10^4$ N |
| 最大速度 | 1130 千米/小时 | 导弹 | AGM — 65, AGM — 88HARM 空对地导弹 |
| 炸弹 | BLU—109 强化型穿透器, GBU—10 Paveway II 激光制导炸弹, GBU—27 激光制导炸弹 | 其他武器 | 2 个内部武器舱, 各有一个武器挂载点 |

◆美国 F117 夜鹰

F—117 "夜鹰" 是美国空军的一种隐身攻击机, 也是世界上第一款完全以隐形技术设计的飞机。F—117 由洛克希德公司设计生产。它的原型技术直接来源于海弗蓝计划。F—117 在海湾战争时首次大规模部署使用, 美国国防部预备在 2008 年财政年度前将所有的 F—117 退役, 任务改由 F—22 与无人机取代。新飞机有着奇特的外形, 完全没有圆弧的表面，整个机体全部用平面构成。飞行测试十分成功，由于线传飞控系统它飞得相当好，空中预警机与地对空导弹阵地只能在极为靠近的距离侦测到它，既便被侦测到也无法进行锁定攻击。最终的测试得知在机首正对雷达波发射源时有最小的雷达反射面积。换言之它有着面对雷达波发射来源是最安全的方法。在 1991 年的"沙漠风暴"行动期

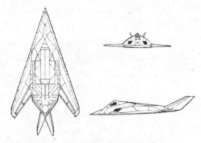
◆美国 F117 夜鹰三维视图

间，F—117A 战斗机出击近 1300 次，袭击了伊拉克 1600 个有价值的目标，竟无一受损。

## 各国的军事竞赛

美国的 B—2"幽灵"隐形轰炸机 Spirit 是目前世界上唯一的隐身战略轰炸机，由麻省理工学院和诺斯洛普·格鲁门公司一起为美国空军研制生产。而在 20 世纪 80 年代，麻省理工首次大力帮忙美国政府研发 B—2 幽灵式隐身战略轰炸机，显示出先进的"精确饱和攻击"能力。1997 年首批 6 架 B—2 轰炸机正式服役，至今只生产 21 架。每架 B—2 造价为 22 亿美元。以重量计，B—2 比黄金还要贵两至三倍。

◆美国 B—2 隐形轰炸机

日本防卫省正在加强研制隐形飞机的努力，日本防卫省要求在 2009 财政年度的国家预算中提供 85 亿日元，开始研制三菱先进技术验证机 ATD—X，也叫"真宗"飞机，"真宗"是日本防卫省技术研究所研制的隐形战斗机，主

◆美国 B—2

要承包商是三菱重工业公司。防卫省计划在 2015 年前总共花 394 亿日元研

电与磁的世界

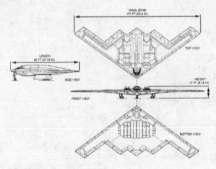

◆美国 B−2 三视图

制"真宗"。而日本的"心神"隐形战斗机已经在法国完成隐形性试验，正在等待包括飞行试验在内的进一步开发。它的机体线条采用特殊设计，并使用了号称"聪明皮肤"的新型隐形涂料，能最大可能地减少雷达波反射。

电 与 磁 的 世 界

拓展思考

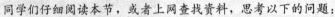

同学们仔细阅读本节，或者上网查找资料，思考以下的问题：

1. 什么是隐形飞机，？原理是什么？
2. 隐形飞机是怎样隐形的？

# 人道主义的武器
## ——电磁脉冲武器

电磁脉冲武器又号称"第二代原子弹"，那么大家可以想象出来它的威力是多么的巨大。世界军事强国电磁脉冲武器开始走向实用化，对电子信息系统及指挥控制系统及网络等构成极大威胁。常规型的电磁脉冲炸弹已经爆响，而核电磁脉冲炸弹——"第二原子弹"正在向人类逼近。

具体它有哪些威力呢？让我们一起来阅读吧。

◆电磁脉冲武器

电与磁的世界

## 电磁脉冲武器

电磁脉冲武器主要包括核电磁脉冲弹和非核电磁脉冲弹。核电磁脉冲弹是一种以增强电磁脉冲效应为主要特征的新型核武器，即在核爆炸的基础上，加上电磁脉冲的攻击，会造成大量的人员伤亡，以及电子设备的损害。非核电磁脉冲弹，是利用利用非核技术产生的电磁脉冲，如高功率微波、超带宽电磁辐射的电磁脉冲武器。通常情况下，出于

◆核电磁脉冲武器

人道的考虑，以及国际上对核武器的制约，我们研究的都是非核电磁脉冲弹，它是由弹头携带的大功率微波产生器在接近目标时瞬间释放的电磁

## 在无形中寻找力量

脉冲。

　　这种炸弹在目标上空爆炸后，能够使半径数十千米内几乎所有电磁防护不佳的电子设备无法正常工作，甚至造成难以修复的严重物理损伤。尽管电磁脉冲武器的威力如此强大，但构造却十分简单，成本也相当低廉，仅用 400 美元就能制造一颗威力强大的电磁炸弹，因此它成为各国竞相发展的武器之一。

电与磁的世界

### 小资料

#### 是什么促使了电磁脉冲武器的研发？

　　1961 年 10 月 30 日，苏联在新地岛上空试爆史上最大的五千万吨级氢弹时，就曾致使方圆数千千米内的通信线路及雷达系统全数"罢工"，发电厂被破坏；街灯同时熄灭；所有的报警器响彻一片；高压输电线的避雷装置全部被烧毁；水塔的自动供水系统失灵，甚至使远在澳大利亚的无线电导航也陷入混乱达 18 小时之久。受到启发的军事专家，从此致力于研究如何增强核爆炸的电磁效应而抑制其他效应，这类通过高空核爆形成电磁脉冲的新式核武器，也就成为最原始的电磁脉冲弹。

### 小资料：电磁脉冲武器原理

　　电磁脉冲武器由初级能源、脉冲功率系统、高功率微波源、定向天线及其他配套设备组成。它的工作原理是：初级能源电能或化学能经爆炸磁通压缩发生器 MFCG 转变为强流脉冲电子束，再经脉冲调制单元激发产生高功率的电磁波，由定向天线向外辐射形成高方向性且能量集中的电磁波束。弹头采用了虚阴极振荡器和两级磁通量压缩发生器。

　　虚阴极振荡器的基本原理是：栅网阴极加速强流电子束，使许多电子通过阴极网，在阴极后面形成一个空间电荷"泡"，称为虚阴极。在适当的条件下，虚阴极将后来的电子反射回去，形成电

◆美国 MK-84 导弹改装的高能电磁脉冲弹弹头结构

子在阴极与虚阴极之间来回振荡而产生微波。如果使这个空间电荷区位于适当调谐的谐振腔中就能达到很高的峰值功率，一般功率在 11～40 GW，频率在分米波段和厘米波段，微波功率通过天线辐射到空间。

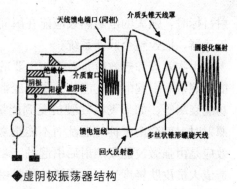

◆虚阴极振荡器结构

# 电磁脉冲武器的"杀伤力"

高功率微波战斗部和电磁脉冲炸弹的主要目的是干扰武器系统中的电子设备。当电磁脉冲的能量密度在 $0.01\mu$～$1\mu W/cm^2$ 之间，则可使相同波段上的雷达和通信设备受到干扰；当电磁脉冲的能量密度在 $0.01m$～$1mW/cm^2$ 之间时，由于能量大小增加了千倍，可使雷达、通信、导航等设备的微波器件性能降低或失效，特别是小型计算机的芯片更容易被烧毁。

当电磁脉冲的能量密度为 $10k$～$100W/cm^2$ 的强微波波束照射目标时，由于电磁辐射的强度较大，其辐射形成的电磁场可以在金属的表面，即天线等，产生感应电流。如果电流较大就会使电路功能混乱或者中断信息传输，使得计算机丢失信息。如果感应电流很大，由于电磁波巨大的热效应，则会烧毁电路中芯片等，使电子装备和武器系统失灵。

当电磁脉冲的能量密度为 $1k$～$10kW/cm^2$ 的强微波波束照

◆美国微波武器

射目标时，强大的电磁热效应能在瞬间摧毁目标，引爆导弹、炸弹和核弹等武器，摧毁整个武器系统。

生物效应和热效应是对生物主要的杀伤力，生物效应是由较弱的微波能量照射后引起的，它能使人员神经混乱、行为错误、烦躁、致盲或心肺功能衰竭等。如果飞机驾驶员受到能量密度为 $3m\sim10mW/cm^2$ 的微波束照射时，就会由于神经混乱而不能正常工作，甚至可能造成飞机失事。热效应是由强微波能量照射后引起的，当微波能量密度为 $0.5W/cm^2$ 时，可造成人员皮肤轻度烧伤，当微波能量密度为 $20\sim80W/cm^2$ 时，照射 1s 后可造成人员死亡。

## 连接——现代战争中对于电磁脉冲弹的使用

一般说来，在信息战的交战过程中，最重要的是要先摧毁对方的雷达、通信电台与电视发射台、电话交换台、移动电话基站和指挥控制中心等。美国一直处于电磁脉冲武器研究的前沿，在伊拉克战争中美国已经对这种新型武器进行了试验。1999 年 3 月 24 日北约对前南斯拉夫的空袭作战中，美国就使用了该武器，摧毁南斯拉夫的军用电子系统，使其处于被动挨打的境地。他们主要利用管道、电缆，让电磁脉冲武器攻击深埋在地下的各种设施的电子系统，达到战争胜利的目的。

信息战在美伊战争中发挥了不少的作用，美军使用卫星、电磁脉冲弹、电子作战飞机干扰伊拉克的雷达，设法动摇人心，企图瘫痪伊拉克指挥动员能力，使美军进军顺利。轰炸使伊拉克电视台中断了 3 个小时，看来这是电磁脉冲弹的攻击结果。另外，美国白宫官员指责俄罗斯商业公司向伊拉克军队出售干扰装置、防空和指挥控制技术，使得美军的全球定位系统受到伊拉克军方的干扰。因为美国军队的空中轰炸、导弹攻击等许多空中打击力量除了激光导向炸弹之外都是依靠 GPS 系统实现精确打击的。

# 电磁脉冲武器攻击的对象

一般电磁脉冲武器主要攻击对方的舰艇、指挥部、发电厂、机场等重要设施与设备。

在现代舰艇上，使用了大量的电子设备，舰艇上有通信导航系统、各类雷达、各种武器控制系统、电子对抗系统及整个作战指挥系统。这些电子系统都极其容易被电磁脉冲武器破坏。如果电磁脉冲弹对舰艇进行电磁攻击，就会使舰艇失去进攻和防御能力，必然处于战争的下风。

◆舰艇

发电厂是产生电力的场所，是城市的心脏，它也有许多电子设备对电厂各发电设备状况进行监控，以及电厂的输电网络，整个输电网络为各种设施供电，比如家庭、工厂、军事设备等等。一旦投掷电磁脉冲武器，不仅仅可以破坏发电厂中的电子设备，使发电厂无法正常工作；电磁脉冲武器所产生的强大电流通过电网传送出去，破坏在该电网上使用电的设备，使很大范围内的各种设备无法正常工作。

◆发电厂

在现代战争中，夺取制空权是赢得战争胜利的关键，由于军用机场安装了各种雷达，通信设备，GPS导航系统等等，受到强的电磁脉冲攻击后，这些设备失

◆飞机

电与磁的世界

效，甚至会导致在机场中停放的飞机都失去作战能力。这些飞机受到强电磁脉冲的攻击也会失去正常工作能力。因此用电磁脉冲武器实行对敌方机场的攻击也是非常必要的。

拓展思考

请同学们仔细阅读本节，或者上网查找资料，思考以下的问题：

1. 电磁脉冲武器为什么不会对人体造成生命伤害？一般可以攻击什么东西呢？

2. 电磁脉冲武器的"子弹"都是什么呢？

电与磁的世界

# 昔日戏言眼前来
## ——定向能武器

在各种科幻片中，我们已经看到很多神奇的武器，轻轻一打，对方就会融化。或者武器携带着巨大的能量，可以瞬间摧毁一切。很多武器发射的已经不是子弹，而是各种颜色的电磁波。同学们会想，是在说电磁武器吗，实际上，这些武器很多已经成为现实。只不过，没有人真的拿它们来捍卫地球罢了。

◆定向能武器

想了解这些吗？一起来阅读这一节的内容吧。

## 定向能武器

1997年10月的一天，美国气象卫星MSTI－3号正在距地球415千米上空的环形轨道上运行。而在美国新墨西哥州南部的沙漠深处，一个军事基地里的一台红外高级激光器已经悄悄的瞄准它，当距离与位置都合适的时候，一束高能激光向卫星射去，瞬间摧毁了这颗在轨卫星。实际上，这是一颗使用期已满的卫星，是美国首次使用定向能武器来摧毁在轨

◆定向能武器

卫星。

定向能武器是利用激光束、粒子束、微波束、等离子束等各种束能产生的强大杀伤力的武器。它能够产生高温、电离、辐射、声波来摧毁或损伤目标的武器系统。定向能武器有几个特点，可以以光速或接近光速直接射向目标，一旦瞄准发射即能命中，无需考虑提前量。通过控制射束，可快速改变攻击方向，反应灵活，能量高度集中，杀伤力可控。调整和控制激光武器发射激光束的时间和功率以及射击距离能对不同目标实现不同的杀伤效果，达到不同目的。

机载激光武器系统由 5 个子系统组成：（1）高能量产生装置；（2）红外搜索、跟踪系统。主要用于捕获和跟踪助推中的导弹；（3）光束控制/火控 BC/FC 系统瞄准与跟踪系统 。主要用于精确跟踪和瞄准目标；（4）大型聚焦望远镜。（5）战斗管理系统。负责与战区防御系统相连，进行数据通信和任务管理。

电
与
磁
的
世
界

### 开心驿站——定向能武器杀蚊子

内森·麦尔伍德是微软公司的前 CEO，他创办的高智发明公司利用现成的技术，打印机、数字相机和投影机的零件，组装出精确击落蚊子的定向能武器。如果说蚊帐是对付蚊子的低科技方案，那么激光无疑是高科技方案。麦尔伍德在 2010 年度的 TED 会议上演示了蚊子激光杀手。他在酒店的浴室内释放了数百只蚊子，然后用激光逐个将它们击落。为了便于向公众演示视频，他有意放慢了击落蚊子的速度。麦尔伍德说在正常情况下，激光每秒能击落 50 到 100 只蚊子。他估计整个设备的售价约在 50 美元左右，这要根据需求量而定。对非洲等地的贫穷国家而言，激光杀手可能过于昂贵了。据说该设备还能辨别蚊的性别，它可以只杀雌性不杀雄性。麦尔伍德解释说，雌性较大，频率较低，而且只有雌性会叮咬人类，所以为了提高效率，系统避开了雄性蚊子。

### 展望——英国已经开发试验定向能武器

根据《航空兵器》，英国国防部从 20 世纪 90 年代中期开始计划开发大功率微波武器。这种武器可以用来攻击指挥、控制、通信和防空设施。据报道，英国已经实施了高能微波武器的试验，定向能组件已在试验飞行器上挂飞。英国官方研究实验室和英国工业部门都在进行高能微波武器的开发。并已经把这种武器安装在 BQM－145A 中无人驾驶飞行器 UAV 上。所使用的这种高速低空飞行的 UAV 既可以从地面起飞，也可以从 F/A－18 这样大小的飞机上投放。

◆BQM无人驾驶飞机

5 架 BQM－145AUAV 被移交给美国空军，存放在 Eglin 空军基地的 UAV 作战实验室内。英国的武器试验被认为比早期在 Eglin 空军基地使用改进型空中发射巡航导弹的试验要有价值得多。高爆炸药包裹着产生电场的线圈，产生一个微波能量脉冲。

风暴影子巡航导弹将成为英国部署高能微波武器的一个潜在的候选平台，该导弹于 2002 年之前进入英国皇家空军服役。英国已决定在有人驾驶飞行器上使用激光武器，在无人机上使用高能微波武器。高能脉冲可以破坏电传飞行控制系统。

电与磁的世界

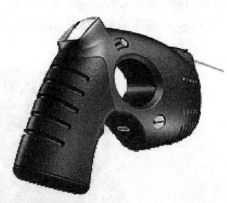

◆定向能电击武器可使没有穿保护服的生物体的肌肉电断裂造成肌肉收缩，身体疼痛

◆定向能武器

# 定向能次声波武器

◆声波武器

定向能武器不仅仅使用激光、微波、粒子束等等，还有可以发射声波。定向能次声波武器使用的是频率低于20赫兹的机械波，称为次声波。次声波会对生物体产生影响，某些频率的强次声波能引起人的疲劳痛苦，甚至导致死亡。

次声波武器通常由次声发生器、动力装置和控制系统 3 个主要部分组成。

次声杀伤的物理原理是利用和人体器官固有频率相近的次声波与人体器官发生共振，从而导致人体器官的变形和移位，甚至破裂，达到损伤人体的目的。特别是次声波武器在杀伤敌方战斗人员的同时，并不破坏武器和装备，这就可以取为己用。为了把次声波作为一种致命的武器使用，必须使其能够高强、定向、聚束传播。然而，由于次声波的波长很长，容易发生衍射现象，要使其定向聚束传播很难实现。因此，要把次声波武器用于实战，还需军事科学家作出很大的努力。

◆声波武器

拓展思考

请同学们仔细阅读本节，或者上网查找资料，思考以下的问题：

1. 定向能武器都使用哪些"子弹"呢？
2. 定向能武器的原理是什么？一般都有哪些攻击的方式？

电 与 磁 的 世 界

# 不辨飞机何处寻

## ——红外制导导弹

◆最早的红外制导导弹 AIM—9 响尾蛇

阿联酋将采购 500 枚 AGM
—65D/G2 红外制导型幼畜导弹,
合同总价值 1.7 亿美元。已有
6000 多枚幼畜导弹被应用到实战
中,成功率高达 93%。该公司表
示,幼畜导弹可挂载在 25 款飞
机上,而且红外制导型幼畜导弹
非常适合打击海上高速机动目
标。红外制导导弹到底是什么?
为什么这么多国家热衷于它?

让我们一起来读这一节的内容吧。

## 红外制导导弹

◆AIM—9 响尾蛇空对空导弹挂于 F/A—
18zh

红外制导导弹是利用红外探
测器捕获目标物与周围环境的红
外线信号强度差异来找掌握目标
的位置与动向,从而实现制导的
武器,是当今红外线电磁波技
术的重要军事应用之一。红外制导
导弹的原理简单地说,就是跟踪
目标的红外波段辐射,引导导弹
实施攻击。任何物体都会辐射红

外线。目标温度的不同，就会辐射出不同波长的红外信号。但很多红外线信号会被大气吸收，只有几个衰减较小的波段可被实际利用。常用的波段为 1～3、3～5、8～14 微米（1000 微米＝1 毫米）三个波段，对应的目标温度分别为 1500K、900K 和 300K。K 是开氏温度单位，称"开尔文"。一般而言，在飞机上这三个温度分别出现在使用加力时的尾喷口、正常尾喷口、飞机表面蒙皮三个部位。红外制导技术的研究始于第二次世界大战期间，而最早用于实战的红外制导导弹是美国研制的响尾蛇空对空导弹。红外制导是非常有效的精确制导打击力量，在过去的 30 年里，据不完全统计，在战场上损失的飞机中，被红外导弹击落击伤的约占 93％，而被雷达制导导弹和高射炮火击中的仅占 5％左右。

### 知识窗

#### 红外辐射是什么？

红外辐射波长比可见光波段中最长的红光的波长还要长，是介于红光与无线电波微波之间的电磁波，其波长范围在 $7 \times 10^{-7}$～1 毫米之间。在同一波长下，不同温度辐射的能量是不同的，温度越高辐射的能量越强，不同温度的辐射曲线永不会相交，利用此特性测量同一波长下的红外能量强度，即可测出该物体的温度，选择不同波长，其测温范围和精度是不同的。

## 红外导弹的历史

1940 年末，世界大战中，开始研制第一代红外空对空导弹。当时主要是为了攻击轰炸机来研制的，不过，这一代的红外导弹技术并非很成熟。在金门炮战中，美蒋飞机使用空对空导弹 AIM－9B 进行攻击。但是之后的越战中，当时北越的军机 MiG－21 常藏位在向阳的位置，而美军军机 F－4E 幽灵在其后方发射响尾蛇空对空导弹，则在敌机转向后，导弹依旧追着热源——太阳，直到燃料耗尽。除此之外，如果导弹在低空运用时，也经常发生导弹失去目标，而转去追地面的火堆或长期曝晒的热石。

到了上世纪 60 年代，随着超音速轰炸机和歼击机的横空出世，第一代空对

电与磁的世界

◆中国的红外制导导弹霹雳系列的 PL—9C 和 PL—5E

空导弹就力不从心了。美国等国家对红外探测器进行了较大的改进，灵敏度有了很大的提高，作用距离也增大了。同时导弹的动机范围增大到后半球和前侧攻击目标，比如美国的 AIM—9D 响尾蛇，法制 R·530，苏联的 AA—3，中国的霹雳系列的 PL—5B 等等。

第三代红外制导空对空导弹采用致冷光伏型锑化铟探测器，并且改变了以往光信号的调制方式，多采用了圆锥扫描和玫瑰线扫描，亦有非调制盘式的多元脉冲调制系统，探测范围大，跟踪角速度高等特点，有的还具有自动搜索和自动截获目标的能力。因此，这一代的红外制导导弹可以在近距离内全向攻击机动能力大的目标。主要追踪的是中红外波段，美国的响尾蛇 AIM—9L、以色列的

◆机翼下悬挂着霹雳系列的 PL—9

◆F—16 战隼战斗机的 AIM—9、AIM—120 和 AGM—88 红外导弹

◆发射后的公羊导弹 RAM

电与磁的世界

"怪蛇"3、苏联的"蚜虫"AA—8、中国的 PL—5E 和 PL—9 等，美国的 AIM—9L 在以往战争中创下了赫赫战功，目前仍然在各国使用。

# 红外制导导弹的原理

来自目标的红外线电磁辐射通过弹头前端的整流罩，由光学系统会聚后投射到红外探测器上，一般使用的是光敏元件，然后将红外线电磁辐射由光信号转变为电信号，再经电子线路和误差鉴别装置形成作用于舵机的实时控制信号，使导弹自动瞄准、跟踪和命中目标。

◆俄国灯笼裤 9K31 第一代地对空红外导弹

第三代的红外空对空导弹采用的是红外点源寻的制导。由于导弹采用以调制盘调制为基础的信息处理，造成无法排出张角较小的点源红外干扰或复杂的背景干扰，且容易被曳光弹、红外诱饵和其他热源诱惑而偏离和丢失目标，也没有区分多目标的能力，使导弹作战效率大打折扣。此外，红外点源寻的制导导弹作用距离有限，所以一般只用作近程武器的制导系统或远程武器的末制导系统。

◆F—16 战隼战斗机上的红外导弹 AIM—9、AIM—120 和 AGM—88

第四代红外制导导弹采用的是红外成像。这种弹上摄像头对目标探测时，将目标及背景的红外图像全部摄取下来，并进行预处理，得到数字化目标图像。经图像处理和图像识别后，区分出目标、背景信息，并能识别出要攻击的目标并抑制噪声信号。跟踪处理器形成的跟踪窗口的中心按预

电与磁的世界

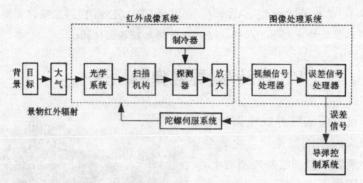

◆红外制导导弹系统工作流程图

定的跟踪方式跟踪目标图像，并把误差信号送到摄像头跟踪系统，控制摄像头继续瞄准目标。同时，向导弹的控制系统发出导引指令信息，控制导弹的飞行姿态，使导弹飞向选定的目标，因此，红外成像寻制导导弹是一种发射后可以完全不管的制导导弹。

◆橡树地对空导弹系统，使用的是响尾蛇 AIM－9 导弹

## 抗红外制导导弹的技术

有矛必然会有盾，各国在加大研究红外制导技术的同时，也在研究如何防止被红外制导导弹跟踪。飞机为了免受导弹的攻击，一般采用降低自身红外辐射能量，施放红外干扰弹，启动红外干扰机等等。红外伪装方法是在装备表面涂覆低发射率涂料，可明显降低其辐射能量。或者红外导弹

电与磁的世界

◆红外干扰机

来了的时候，用一个光电材料模拟飞机的外形和红外的辐射量，而飞机改变原来自身的辐射情况，这样导弹就以为光电材料是真实的飞机，逐渐偏离真实的目标而去攻击光电材料。

拓展思考

请同学们仔细阅读本节，或者上网查找资料，思考以下的问题：

1. 红外制导导弹怎样才能跟踪目标呢？为什么不会跟丢了呢？
2. 红外制导导弹的未来发展是怎样的？

电与磁的世界

# 滚滚电流天上来
## ——卫星发电站

◆太阳能板发电，通过电磁波传回地球

地球上的一切能量，都几乎来自远方的太阳。从远古的太阳能，储存在现在的煤炭、石油里面。现在的太阳能，通过光合作用，储存在了柴火里面。还有太阳能的热量，让水蒸发，整个世界的水才能循环，我们才有了水能发电，才有了三峡大坝。太阳能的热量，让空气冷热不均，才有了风能。可是太阳这么巨大的能量，实际上，只有 20 亿分之一才到达了地球，而且，穿过厚厚的空气，又损失了 70%。科学家们就想，那能不能直接在大气层外建立一个发电站，在通过电磁波集中把能量传输到地球呢？

想知道具体的内容吗？来读这一节的内容吧。

## 卫星发电站的设想

还是在 19 世纪 60 年代的时候，美国人格拉泽就创造性地提出在离地面 36 000 千米的绕地球的同步轨道上建造太阳能卫星发电站的构想。这个电站利用铺设在巨大平板上的亿万片太阳能电池，在太阳光照射下产生电流，将电流集中起来，转换成无线电微波，发送给地面接收站。地面接收后，将微波恢复为直流电或交流电，送给用户使用。技术难题关键在于微波能量转换率上。

电与磁的世界

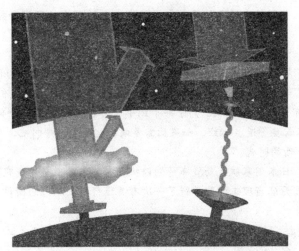

◆太阳能透过大气损失很多能量（左），直接把太阳能转换成微波，然后传输到地球（右）

## 小贴士——太阳能卫星发电大事记

1968 年，博士彼得·格拉泽介绍的地球同步轨道的太阳能电力系统距离地球 36000 千米以上，收集的阳光和转换成电磁微波束可用来传输能量到地球上大型接收站。

1970 年，美国能源部和美国航空航天局提出了太阳能发电卫星的概念，并提出了可行性的研究报告。

1973 年，彼得·格拉泽博士方法获得远距离传输微波能量的美国专利，现在被称为接收整流天线。

1994 年，美国空军用火箭发射卫星，进行了高级光伏实验。

1995～1997 年，美国航天局进行了一项"新论"研究空间太阳能发电的概念和技术。

1998 年，日本宇航局计划启动一个空间太阳能发电系统，这个计划一直持续到现在。

◆日本的太阳能发电模拟图

电与磁的世界

1999年，美国航空航天局的太空太阳能发电的探索性研究和技术方案计划开始。

2001年，能源设施公司成立。

2001年，美国宇航局的博士内维尔·纳兹维说，"我们现在的技术可以到达微波转换率在42%到56%，这是我们已取得非常重大的进展。我们相信，在15～25年内，可低于成本7～10美分每千瓦小时。我们提供了一个优势，以后不需要电缆，不需要管道、铜线。如果你需要电，就用手机呼叫吧。无线微波电的运输将有一个新的时代。"

2001年，日本国家航天局宣布计划以执行有关实验卫星的研究。

2007年5月麻省理工学院举行了一次有关现行科技状态的研讨会。

### 万花筒

#### 太阳能卫星发电的优点

1. 地球上由于太阳光穿过大气层时受到大气的吸收和散射，强度减小很多，大约在 $1kW/m^2$。在地理纬度较高的地方，太阳强度更小。而在空间，太阳能的强度就很大。2. 在太空中，太阳照射的时间比地球上长得多，不分日夜。地面上晴朗的白天才可以接受到阳光，非常有局限性。3. 宇宙空间是真空的，太阳能电池的表面不会沾上任何尘土，无需担心生锈等。而在地球上使用太阳能电池，必须经常清除尘土雨雪。4. 在太空中，不需要考虑载重量的问题，因为物体处于失重状态。

### 小资料——历史上对太阳能卫星发电站的研发

现在主要由日本、德国、美国三个国家进行研究。

20世纪70年代末，全球发生石油危机，美国航宇局和能源部组织专家进行空间太阳能电站的可行性研究。专家们经过论证提出一个名为"1979 SSP(space solar power)空间太阳能基准系统"的空间太阳能电站方案。该方案以21世纪全美国将有3亿人口，人均用电2千瓦，假设其中50%由空间太阳电站供给为目标，在地球静止轨道上部署60个发电能力各为50亿千瓦的电站又称"发电卫星"。

太阳能电站采用直径为1千米的天线发射微波，使微波波束中的功率密度分

电与磁的世界

◆太阳能板发电，通过电磁波传回地球

◆太阳能板发电，通过电磁波传回地球

布比较合理，以提高地面接收天线的接收效率。地面接收天线是一片 13 千米×10 千米、占地约 1 万公顷的椭圆形地区，由无数半波偶极子天线组成。天线接收到的微波经过二极管整流变换成直流电或 50Hz 的交流电。

研制、发射和组装"1979 SSP 基准系统"需要 2500 亿美元。

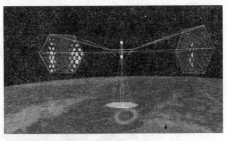

◆太空太阳能电站

世界上第 1 颗太阳能发电卫星 SSP1/300 的模型，设立在日本神奈川县相模原市的文部省宇宙研究所为中心组建的太阳能发电卫星研究组。对开发能源特别关心的法国研究人员也很感兴趣，1995 年的时候，这个模型曾在法国博物馆展示了半年。当你一进入排列着计算机和计测器的宇宙科学研究所的宽大试验室，

◆太空太阳能电站的太阳能板

电与磁的世界

◆太空太阳能电站的太阳能板

首先映入眼帘的是吊在顶棚上的一个大型三角柱物体。在三角柱一侧约1米的表面贴附着太阳能电池，稍远处装有2个功率为1000瓦的大型灯。当灯光一照射太阳能电池，设置在三角柱物体正下方的大空球结构上的电灯就会点亮，于是灌溉用泵就开始旋转。

日本通产省在2001年的时候，开始研制利用人造卫星进行太阳能发电。日本太阳能发电卫星的设想，是向高3.6万千米的静止轨道发射一枚卫星，在卫星两翼安装宽1千米、长3千米的太阳能发电板。产生的电力通过直径1千米的天线向地面发射微波传输。地面则设置直径数千米的接收天线。该计划预计约需资金2万亿日元，发电能力为100万千瓦。日本有关方面表示，在宇宙发电不分昼夜，比地面的太阳能发电更有效率。虽然计划发电成本为23日元/千瓦，大大高于现今火力发电的10日元/千瓦，但随着技术的进步成本可望进一步降低。

◆太空太阳能电站

## 链接：美国将建首个卫星发电站

据美国《探索》杂志报道，到2016年，在美国加利福尼亚州的一些房屋，可能就使用来自绕地球轨道运行的太阳能电池板发的电。现在，加州的太平洋天

电与磁的世界

然气与电力公司宣布，计划建设世界上首个轨道太阳能卫星发电站的太阳能公司购买电量。

太阳能公司是一家创业公司，希望第一次尝试从商业的角度开发空间卫星太阳能发电。计划用绕地球轨道运行的太阳能电池板发电，把电量转换成微波传送，位于弗雷斯诺的接收站则可以接收微波。微波将在这里被转换成电能并输入电网。

◆太空太阳能电站

太阳能公司的总裁伽瑞·斯皮纳克表示，太阳能电厂技术已经成熟。"虽然在此之前并没有尝试过，但相关基础技术已经可以完成要求，这些都是建立在通信卫星技术基础之上。"

◆太空太阳能电站拥有巨型的发射镜阵列

据悉，太平洋天然气与电力公司已请求加州监管部门批准，一旦太阳能公司的卫星系统建造完毕，便向其购买200兆瓦特电量，这些电量足以满足大约15万个家庭的用电需要。在向加州公用事业委员会递交的文件中，太平洋天然气与电力公司承认："类似空间太阳能发电厂这样的新兴技术面临相当大的挑战。"但他们也指出："太平洋天然气与电力公司相信这种技术自身拥有的潜力，与一项新的未经验证的技术面临的挑战相比，我们更看重消费者能够从成功的空间太阳能发电厂中获得的巨大收益。"

太阳能公司表示空间太阳能电厂将于2016年投入商业运营。斯皮纳克承认，为了实现这个雄心勃勃的目标，太阳能公司需要筹集数十亿美元资金。虽然任务

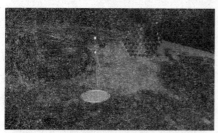

◆太阳能电站首先将太阳能转化为电能，再以微波的形式输送到地球

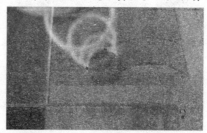

◆地面站的天线阵列将接收传输回的微波

艰巨，但他相信他们能够圆满完成任务。

对于来自太空的微波束可能带来的偏离方向并烧毁地球居民的潜在危险，太平洋天然气与电力公司引用宇航局一名科学家的报告消除人们的疑虑。报告指出，类似的空间微波束所携带的能量还不及阳光的，大约只有普通微波炉的 3‰，因此不足以让任何人面临被烧伤的威胁。

◆这些微波最终将变成电力输入电网

**拓展思考**

请同学们仔细阅读本节，或者上网查找资料，思考以下的问题：

1. 太阳能发电站是通过什么传输电能的呢？
2. 太阳能发电站有什么优点和缺点？

电与磁的世界

# 在太空里的眼睛
## ——遥感

"遥感"，顾名思义，就是遥远地感知。人类通过大量的实践，发现地球上每一个物体都在不停地吸收、发射和反射信息和能量，其中有一种人类已经认识到的形式——电磁波，并且发现不同物体的电磁波特性是不同的。遥感就是根据这个原理来探测地表物体对电磁波的反射和其发射的电磁波，从而提取这些物体的信息，完成远距离识别物体。而遥感影像就是从遥远处获取的物体的图片。

想了解这一节的内容吗？一起来阅读吧。

◆卫星照片

## 遥感技术的历史

1937 年，开始了彩色航空摄影。

1940 年，红外摄影技术用于军事侦察。

二战时期，遥感技术迅速发展，大部分情报是用空中摄影和雷达收集的。

1949 年设立了航空像片应用专业委员会。

1946～1950 年，美国发射了装有摄像机的火箭。

1957 年，雷达成像技术开始应用于军事。

1957 年 10 月 4 日，前苏联发射了第一颗人造地球卫星。

1959 年 9 月，美国用火箭载两个红外光电

◆最早的遥感技术应用

电与磁的世界

◆摄于 1915 年的空中摄影师

管拍摄了地球上空云层像片，并测量了地球辐射。

1959 年 10 月，前苏联获取了月球背面图像。

1960 年 4 月，美国国家宇航局 NASA 发射了 Tiros－1 卫星，装有电视摄像机对全球南北纬 55°之间的云盖进行电视观测和照相，开始了气象卫星系列的发射。

### 知 识 窗

#### 遥感的定义

遥感是根据电磁波的理论，应用各种传感仪器对远距离目标所辐射和反射的电磁波信息，进行收集、处理，并最后成像，从而对地面各种景物进行探测和识别的一种综合技术。现在常使用的是电磁波、可见光、红外线三者结合。

# 遥感技术

遥感，这是 20 世纪 60 年代兴起的一种探测技术，英文直译的意思就是"遥远的感知"。最早的遥感技术，那可就是自然界的蝙蝠了，它通过发射 25 000～70 000Hz 超强声波，并接受这些声波的反射回波，就可以自由的飞翔或者捕捉食物了。

遥感这一技术在 20 世纪 50 年代已经得到了一些应用。1962 年，在美国召开关于"环境"的一次世界性会议上，人们才第一次正式提出并确立了"遥感"这个技术专用名词，但之后的很长时间内人们对它仍然是很

◆1939 德国对英国的侦察图像

陌生的。在那一段时间，它主要应用在气象卫星和航空遥感方面。又过了二三十年，电子信息时代的到来，集成电路和计算机产业的迅速发展，为遥感的应用提供了技术基础。这些提高了遥感器件的分辨率，并且解决了大容量和高速度的数据传输、接收、存贮等关键技术问题，才使航天遥感技术迅速进入应用阶段。

遥感中搭载遥感器的工具统称遥感平台。平台可以分为地面平台、航空平台、航天平台。地面遥感平台指的是用于安置遥感器的三角架、遥感塔、遥感车灯，一般高度在 100 米以下，在上面放置地物波谱仪，辐射计，分光光度计等等，这些可以测定各类地物的波谱特性。航空平台指高度在 100 米以上，100 千米以下，用于各种资源调查，空中侦察，摄影测量的平台。航空平台一般指高度在 240 千米以上的航天飞机和卫星等，其中高度最高的一般是气象卫星 GMS 所代表的静止卫星，一般在赤道上空的 36000 千米以上的高度。

◆轰炸目标的选择

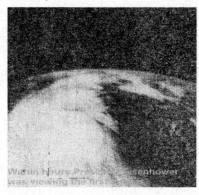

◆1960 年 4 月 1 日第一张 TIROS 卫星图像

遥感的传感器主要有几种，摄影类型的传感器，扫描成像类型的，雷达成像类型的，还有非图像类型的。

（1）收集器：收集地物辐射来的能量。具体的元件如透镜组、反射镜组、天线等。

（2）探测器：将收集的辐射能转变成化学能或电能。具体的元器件如感光胶片、光电管、光敏和热敏探测元件、共振腔谐振器等。

（3）处理器：对收集的信号进行处理，如显影、定影、信号放大、变换、校正和编码等。具体的处理器类型有摄影处理装置和电子处理装置。

◆地球的卫星图像，精确率 0.1 米

（4）输出器：输出获取的数据。输出器类型有扫描晒像仪、阴极射线管、电视显像管、磁带记录仪、彩色喷墨仪等等。

## 遥感的应用

1987 年 5 月 6 日，我国黑龙江的大兴安岭发生特大火灾，最初美国的气象卫星，发现大火，但是用作天气预报的气象卫星分辨率只有 1.1 千米，无法找到火灾的准确位置。到了一星期后，美国的"陆地卫星 5 号"才发来有关灾情的图像。这种卫星有红外波传感器，对火焰特别的敏感，除了红外波、远红外波段，它还有其他 5 个可见光波段。空间分辨率达到了 30 米。这样很快就得到了灾情的严重程度、受灾面积以及火焰的温度、火势的方向等等各方面的信息。这样便于我国指挥和调整防火的部署。图片是当时火区的图像，图中连成片的深色是一片焦土的景象，我们发现，上面的植物已经全

◆1987 年大兴安岭大火的遥感图片

电与磁的世界

部被烧死，周围还有些浅色的，是还未受灾的地区。

1998年夏天，很多人还对那次的特大洪水记忆犹新。当时，为了及时监察灾情，遥感技术发挥了重要的作用，可以向指挥部提供抗洪抢险、部署决策等重要的依据。

遥感技术在宇宙的探索中的应用，如图为土星的特写，其中，我们可以看到洪水冲刷的痕迹。

卫星遥感技术在四川汶川大地震中发挥了巨大的作用，为灾区的搜救和重建作出了贡献。根据卫星图像，迅速反应，得到居民的受灾情况，路况情况等信息。可以迅速评估有多少人受灾，需要的物资是多少，如何送达等等。

我国的卫星遥感部是民政部国家减灾中心主要业务部门之一，主要从事三个方面的工作：

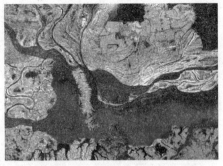

◆1998年湖南洞庭湖洪水遥感技术图片

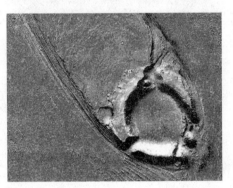

◆土星上可能发过洪水

电与磁的世界

一、围绕我国综合减灾业务工作，以满足政府部门、企事业保险公司、研究机构和社会公众对灾害信息的需求为导向，应用航空遥感、卫星遥感、导航定位、卫星通信、地理信息系统等空间技术进行自然灾害监测、风险预警、综合评估等工作，为灾害管理、风险管理、紧急响应、应急救助、恢复重建提供决策支持，为区域减灾规划提供依据；

二、承担环境与灾害监测预报小卫星星座运行管理与应用系统建设项目申报、立项及建设等任务；

三、承担国内外减灾相关项目，组织开展空间技术减灾领域的科学研究工作。

拓展思考

请同学们仔细阅读本节，或者上网查找资料，思考以下的问题：

1. 遥感技术的"眼睛"是什么？
2. 遥感技术一般使用什么传输图像的？
3. 遥感技术的原理是什么？

电与磁的世界